ÉTUDES SUR LES SOURCES

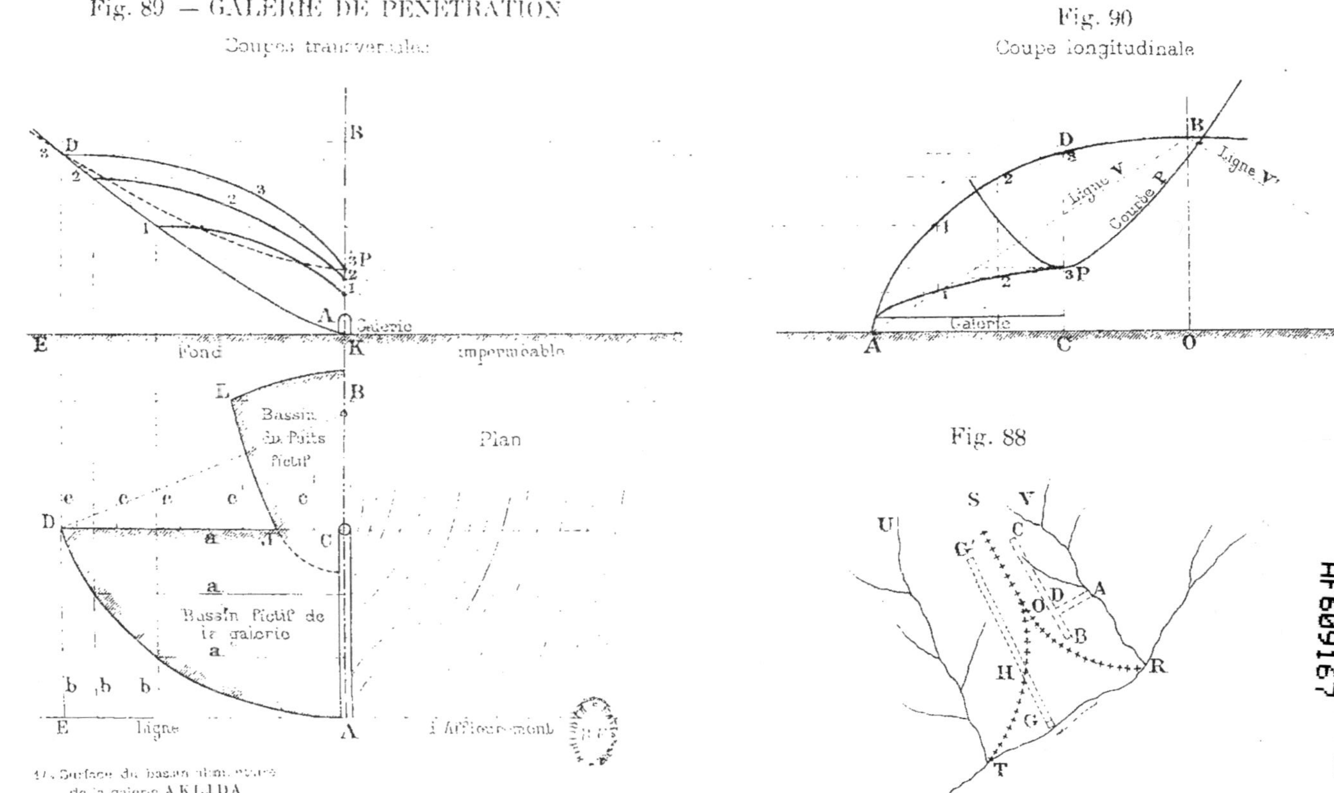

a. Surface du bassin alimentaire de la galerie A K L J D A

I. Courtier Paris

Fig. 91
Galerie
sur le fond d'une nappe
à surface horizontale

Fig. 92
Galerie
à l'intérieur d'une nappe
à surface horizontale

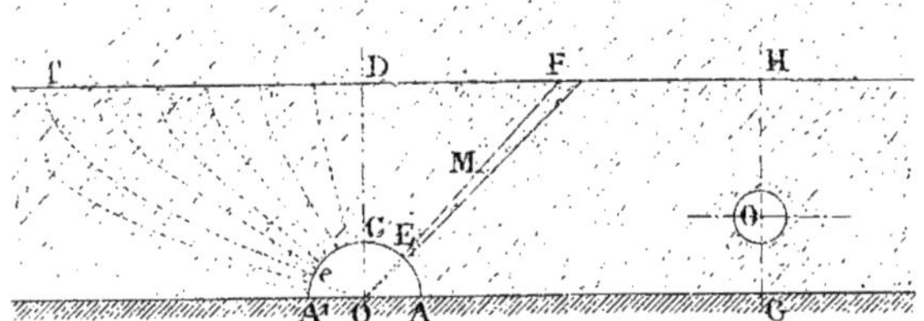

OD = C
OC = R

Fig. 94
Galerie de captage sur le fond d'une nappe
formant entonnoir

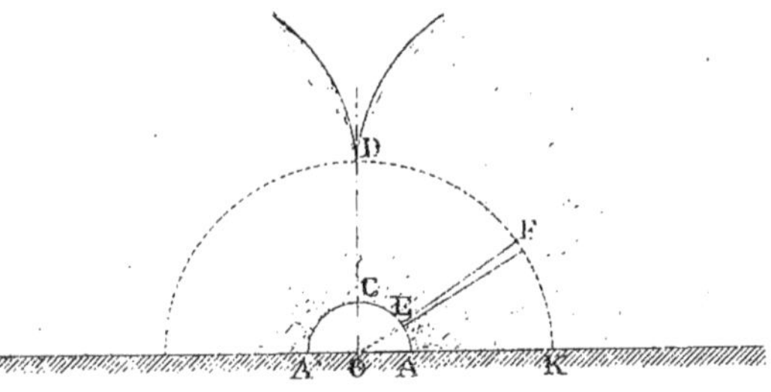

Fig. 93
Répartition des débits
suivant les directions

a - galerie pleine
b - galerie vide

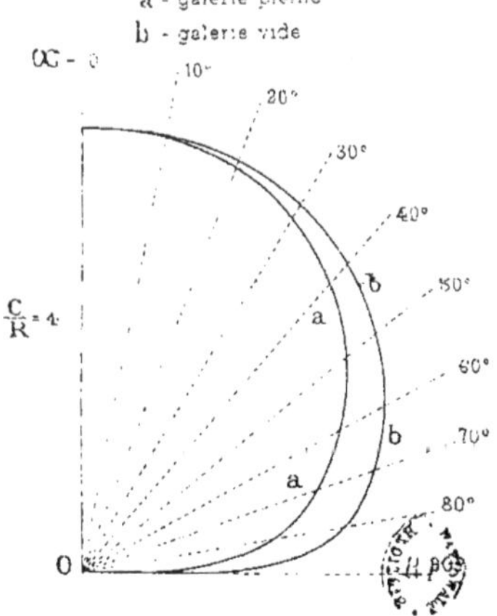

Fig. 95
Galerie de captage à l'intérieur d'une nappe
formant entonnoir

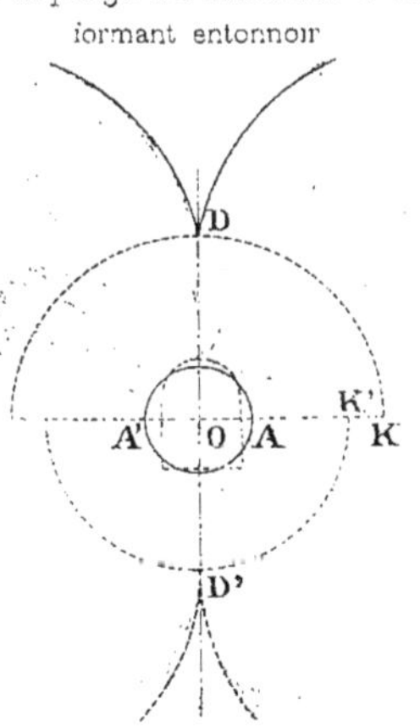

L. Courtier Paris 3523

ÉTUDES SUR LES SOURCES

Pl. XXVIII

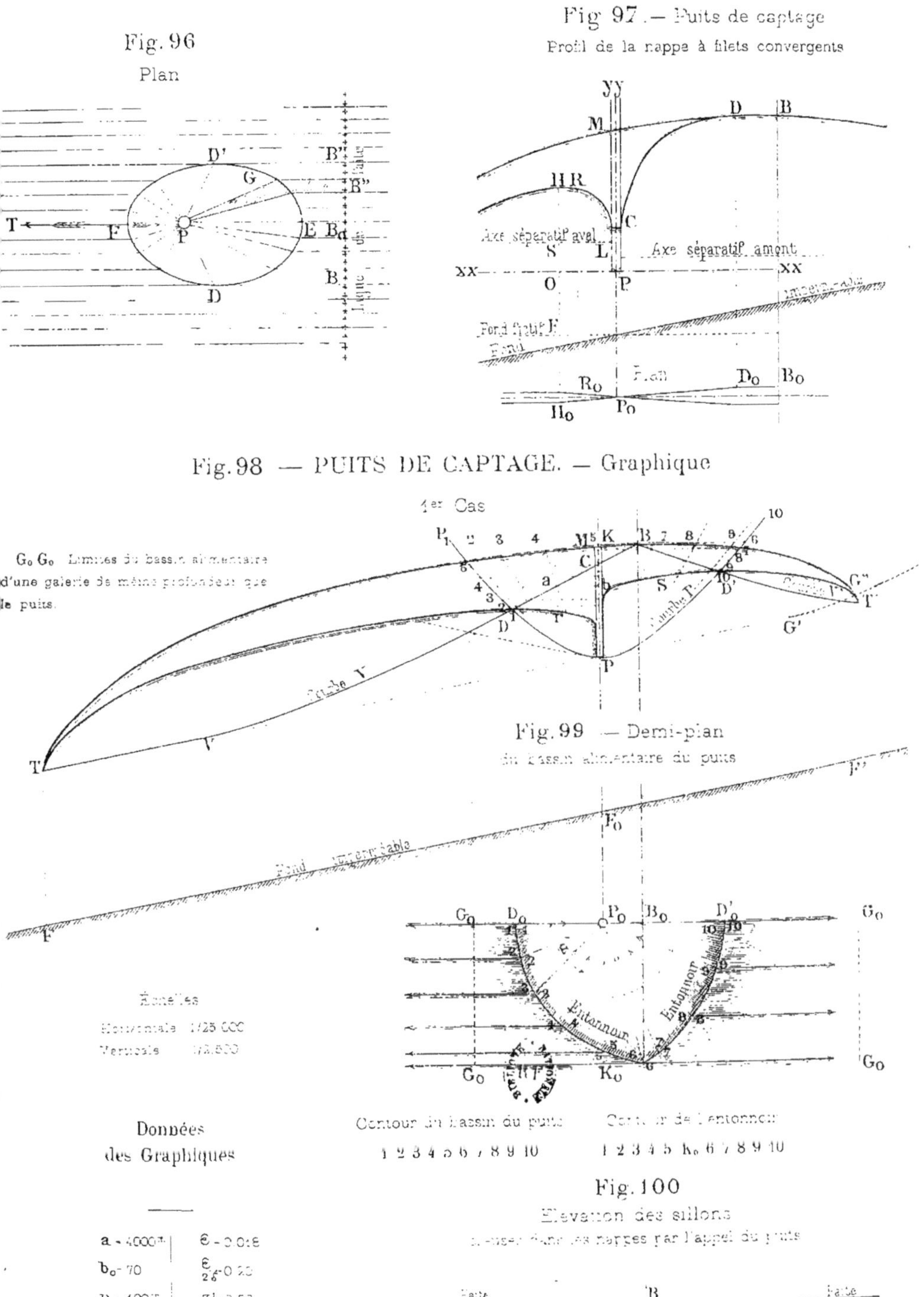

Fig. 101. — PUITS DE CAPTAGE. — Graphique

2e Cas

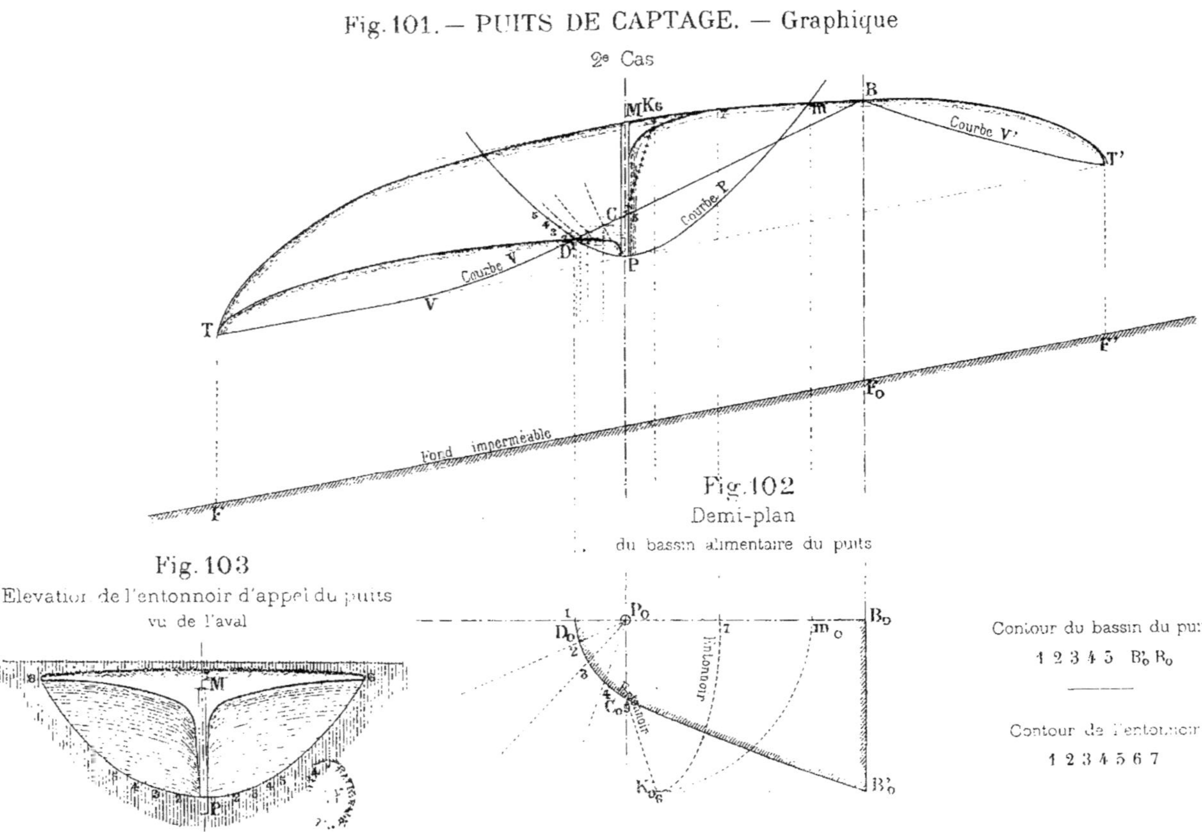

Fig. 102
Demi-plan
du bassin alimentaire du puits

Fig. 103
Elevation de l'entonnoir d'appel du puits
vu de l'aval

Contour du bassin du puits
1 2 3 4 5 B'o Bo

Contour de l'entonnoir
1 2 3 4 5 6 7

L. Courtier, 43680

ÉTUDES SUR LES SOURCES

Fig. 106

Élévation de l'entonnoir d'appel du Puits vu de l'aval

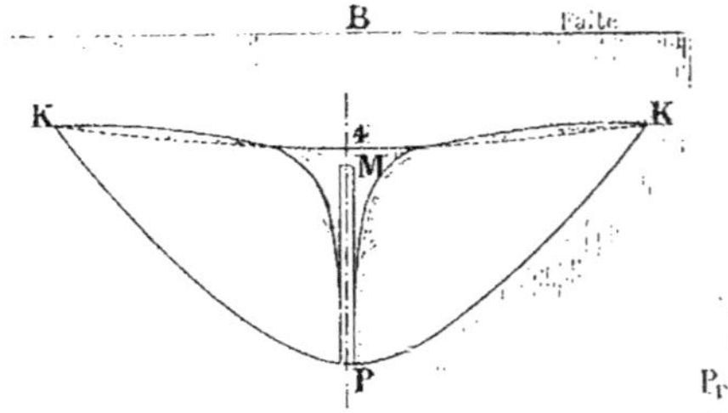

B — Faîte — K — K — 4 — M — P

Fig. 104

Puits de captage. — Graphique

3e Cas

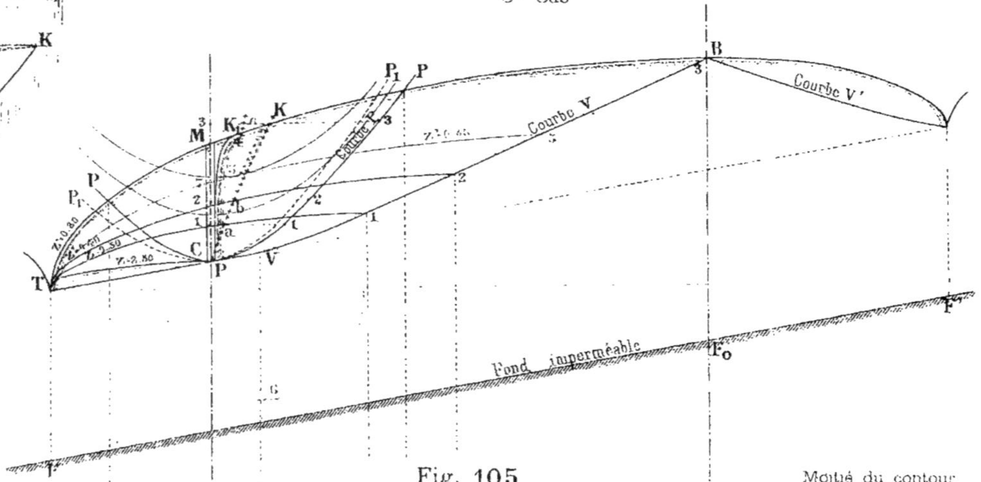

B — Courbe V' — Courbe V — P — P_1 — K — K_0 — M — C — P — V — T — Courbe — $Z=0.80$ — $Z=2.80$ — Fond imperméable — F_0 — F — T

Fig. 105

Demi-plan du bassin alimentaire du Puits

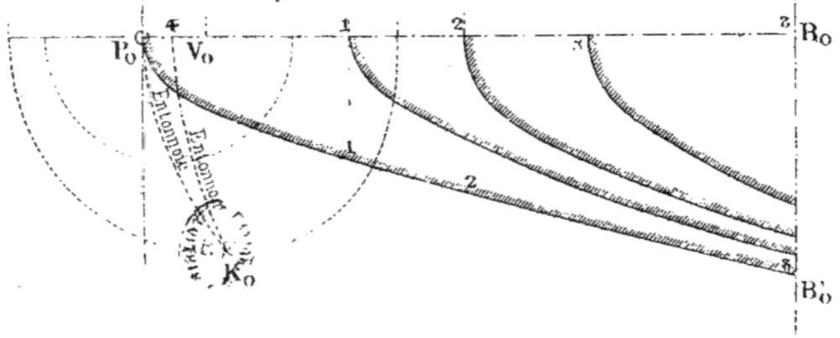

P_0 — V_0 — B_0 — B'_0 — K_0 — Entonnoir

Moitié du contour du bassin du puits P_0 1·2 $B'_0 B_0$

Moitié du contour de l'entonnoir $P_0 K_0$.4

Fig. 107

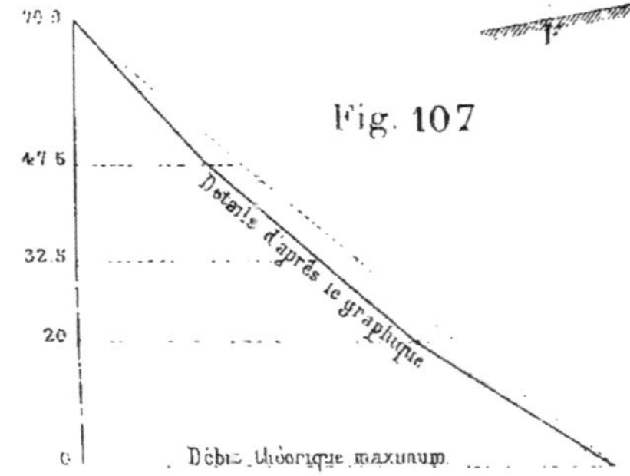

79.9 — 47.5 — 32.5 — 20 — 0

Débits d'après le graphique

Débit théorique maximum

L. Courtier, 43857

ÉTUDES SUR LES SOURCES

Pl. XXXI

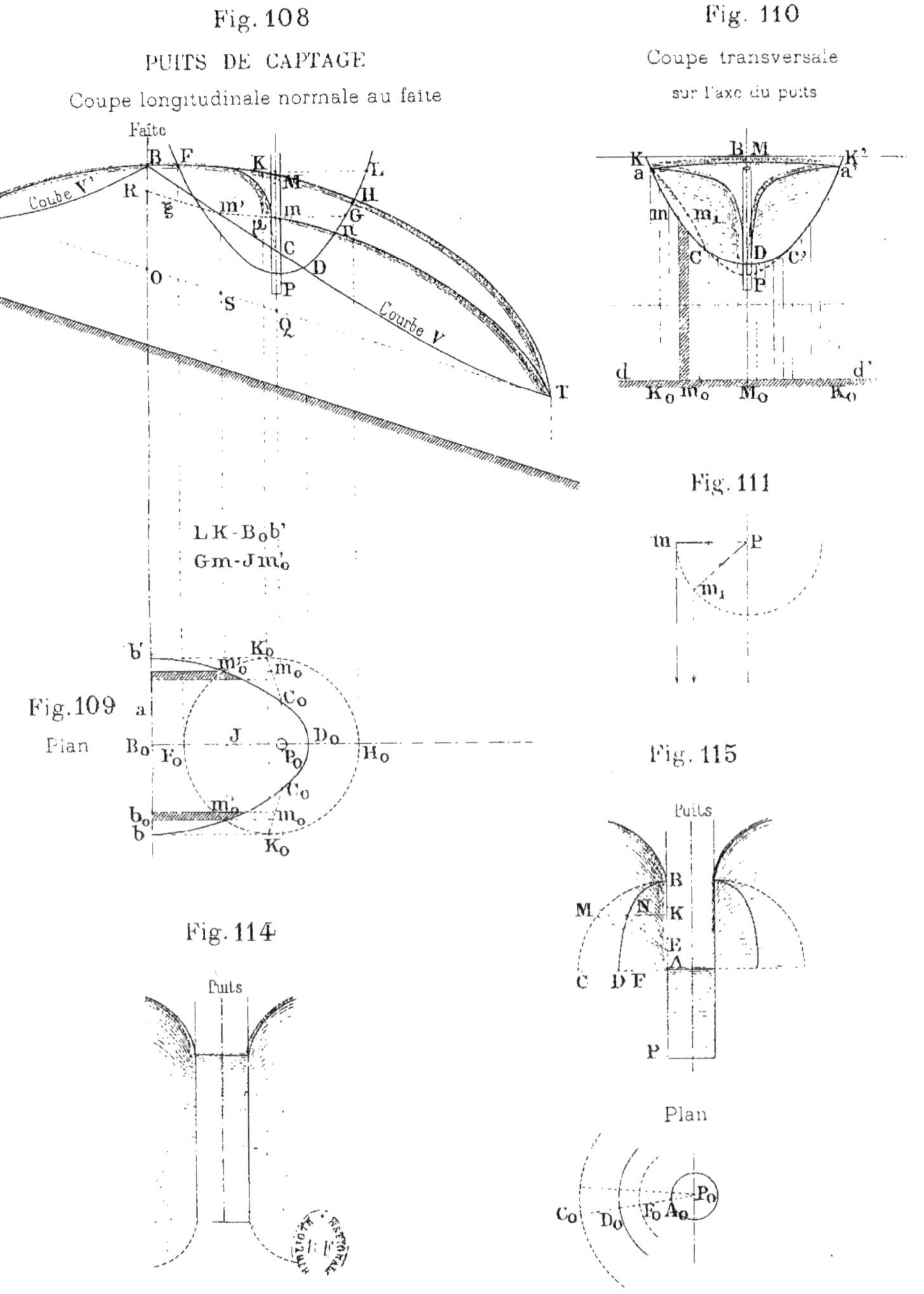

L. Courtier, sculp.

Fig. 113. — PUITS DE CAPTAGE
Graphique général

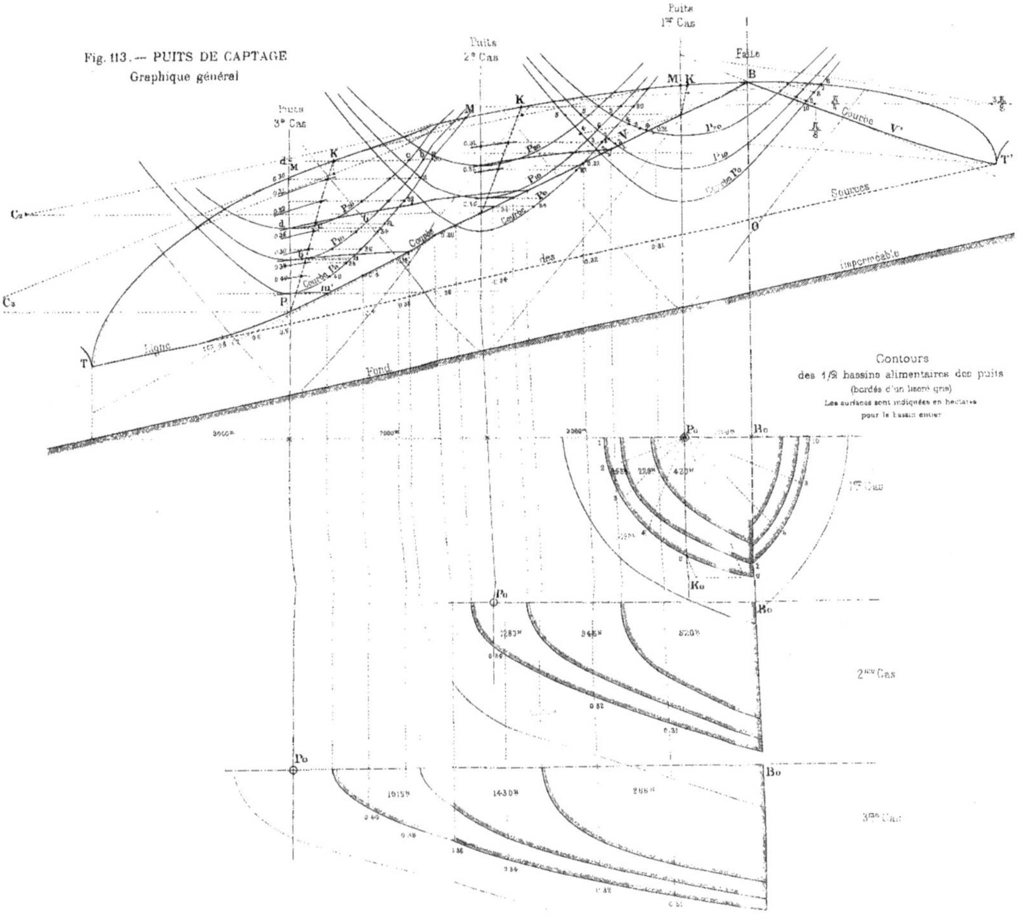

Contours
des 1/2 bassins alimentaires des puits
(bordés d'un liseré gris)
Les surfaces sont indiquées en hectares
pour le bassin entier

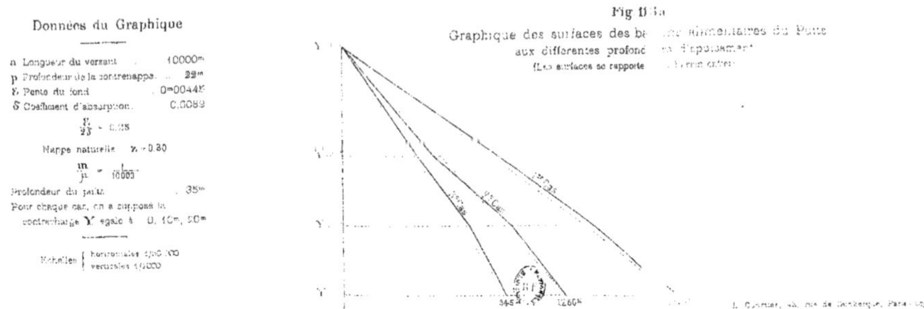

Fig. 116 — PUITS DE CAPTAGE
avec galerie au fond
Coupe

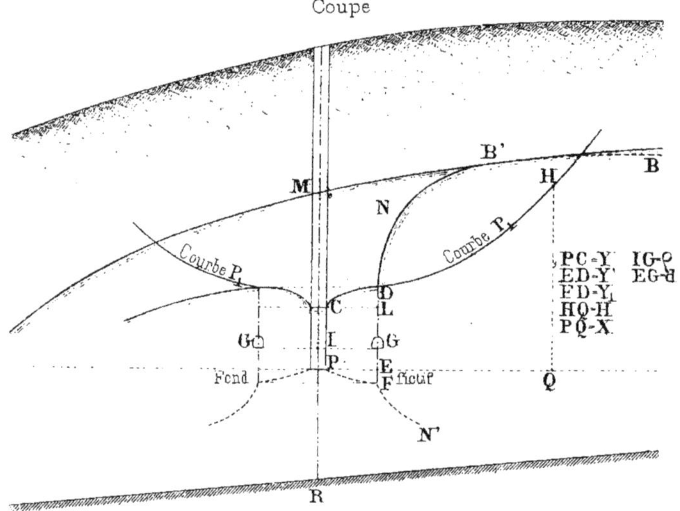

Fig. 117 — PUITS DE CAPTAGE
avec galerie au fond
Coupe verticale

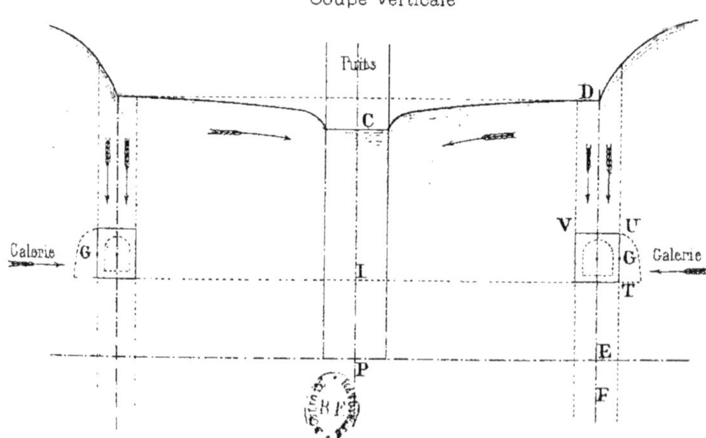

L. Courtier, 43 ru

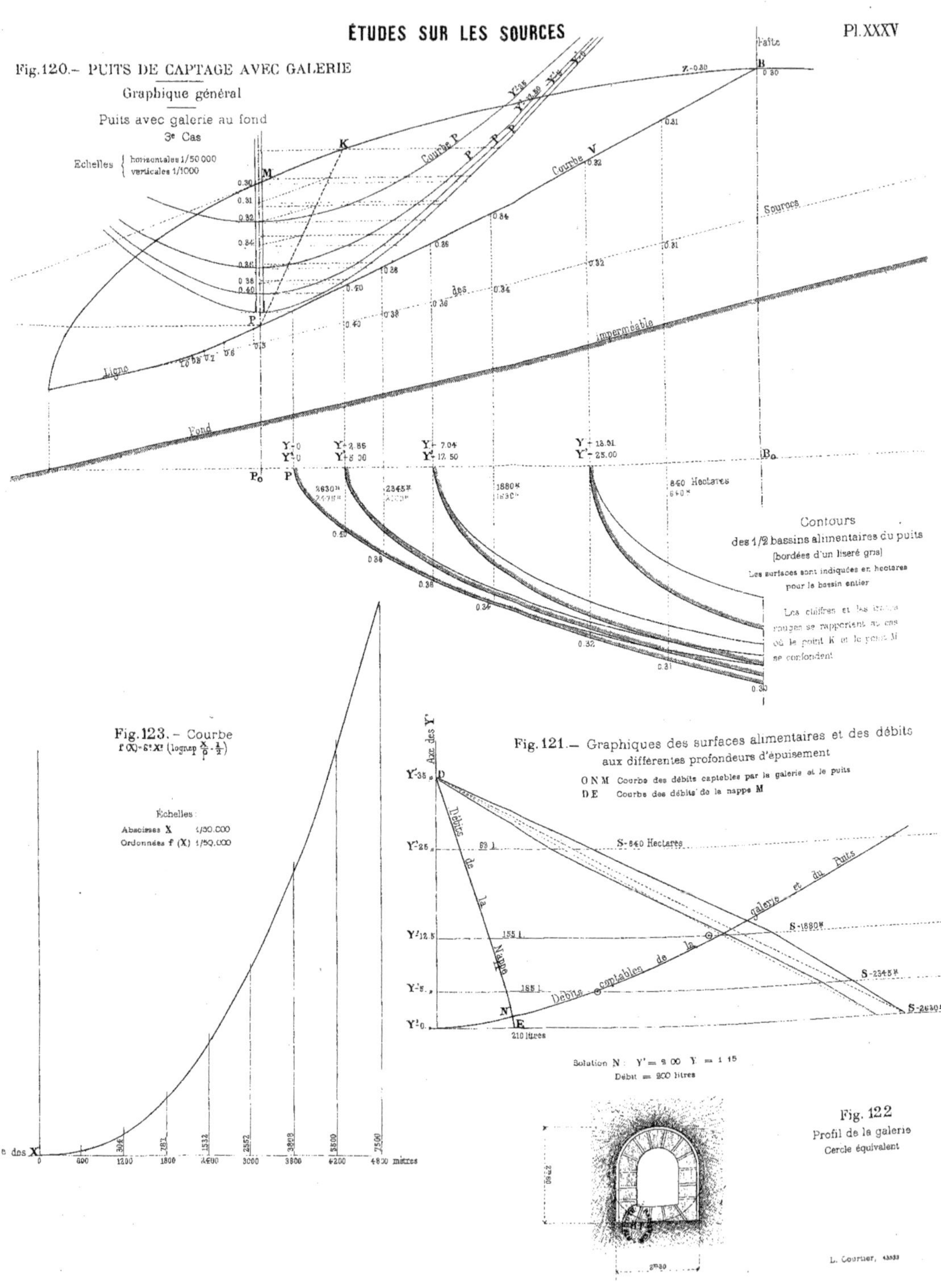

L. Courtier, 43533

Fig. 124
Dispositions de Galeries de fond

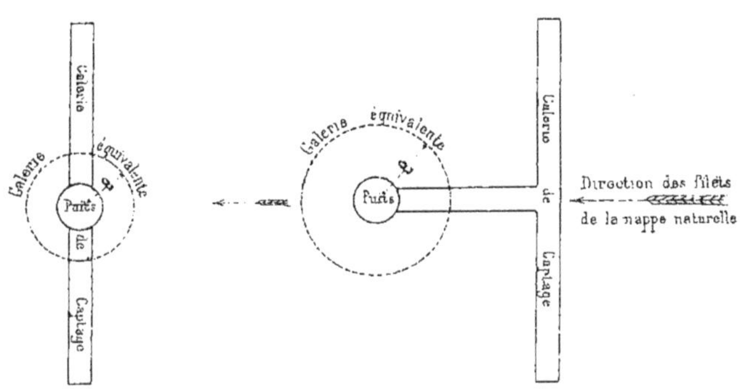

Fig. 127
Epuisement d'un puits

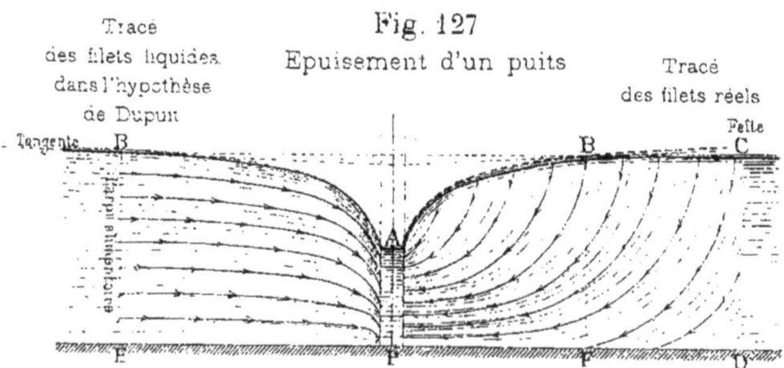

Fig. 128
Puits ordinaires dans diverses positions

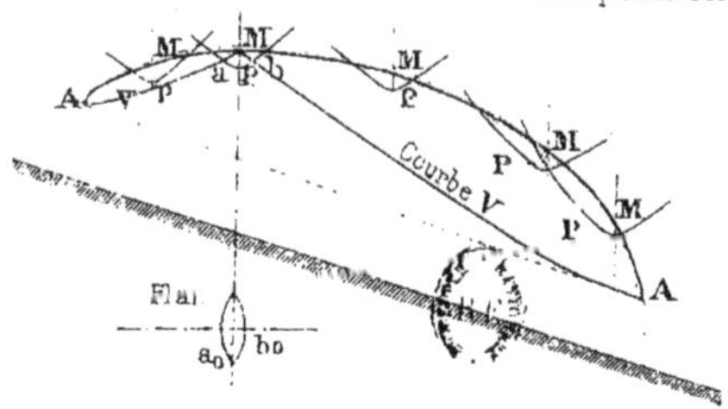

Fig. 129

Puits ordinaire ouvert dans une nappe d'affleurement

$MG_0 = y$

$AG_0 = x$

$MC = \eta$

$PG_0 = P$

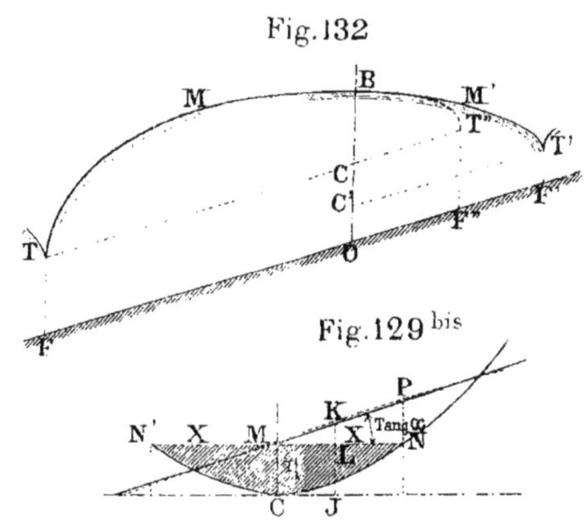

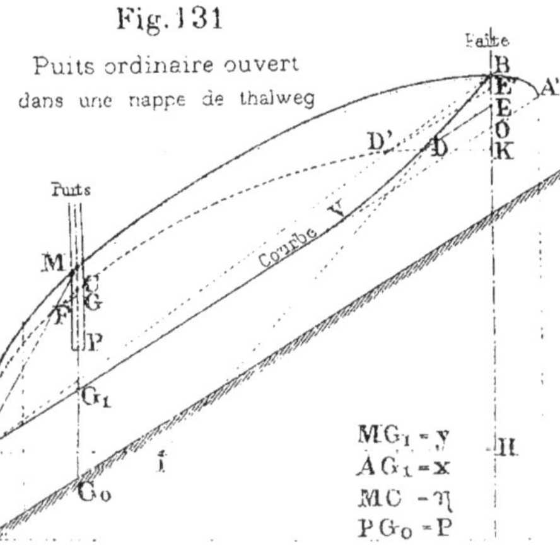

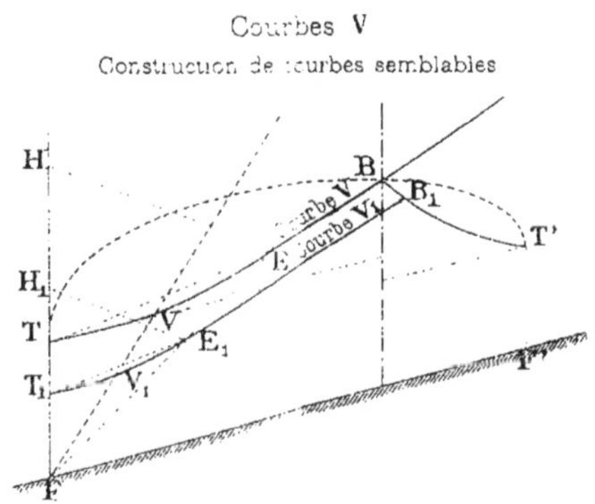

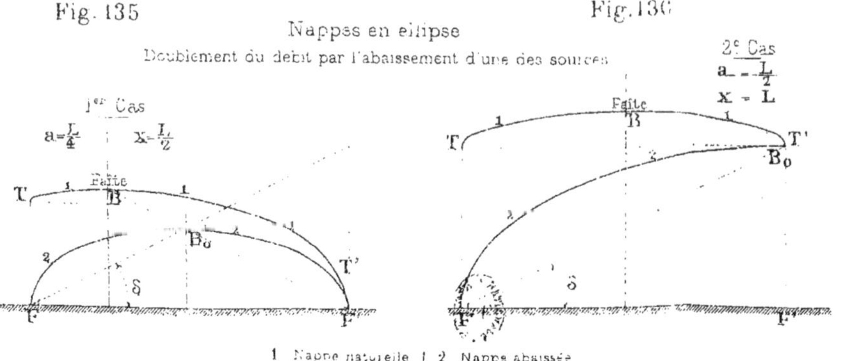

L. Courtier

ÉTUDES SUR LES SOURCES

Fig. 134

ABAISSEMENT OU EXHAUSSEMENT D'UNE SOURCE

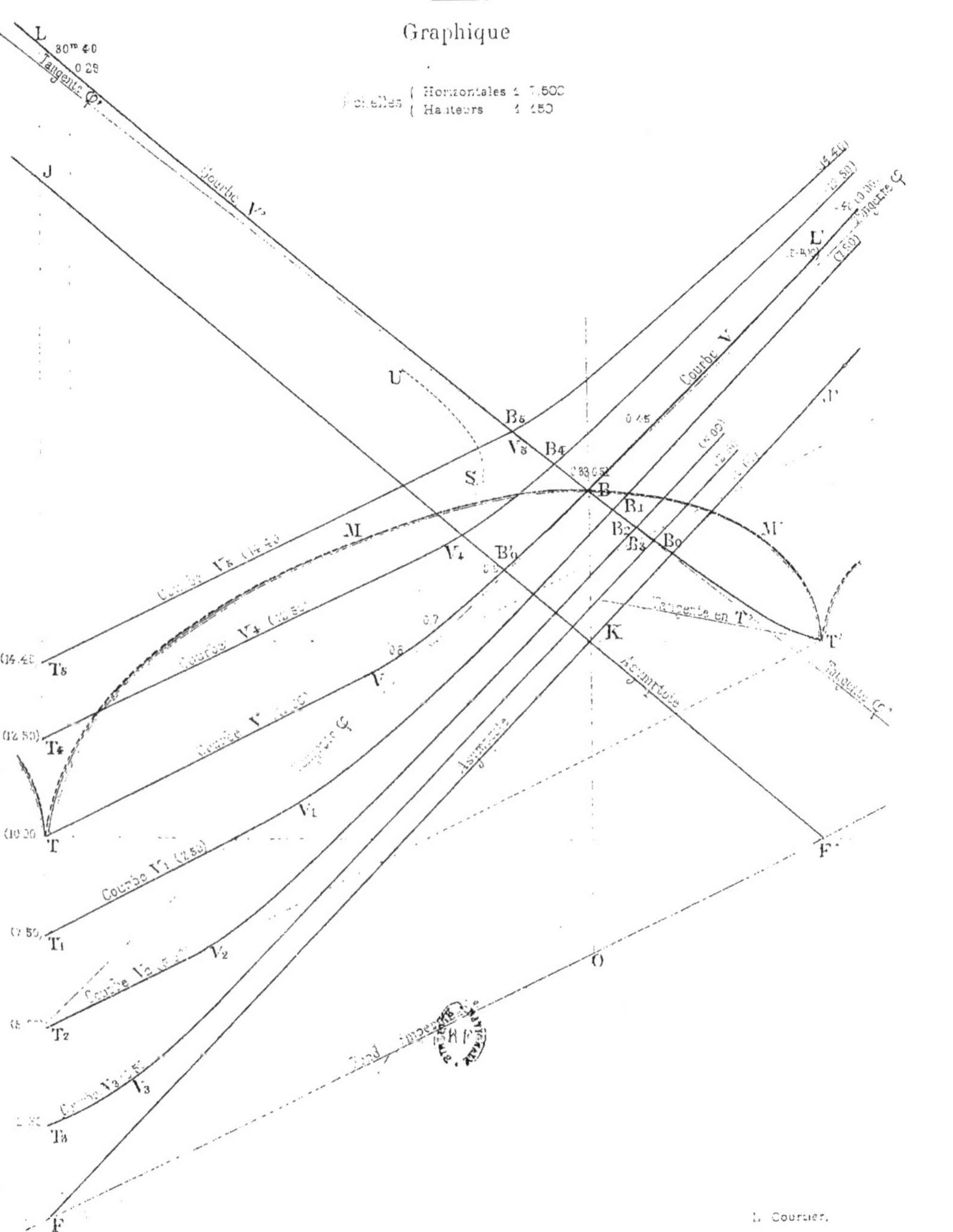

ÉTUDES SUR LES SOURCES

PI. XXXIX

Fig. 137

Abaissement intermittent d'une source

Courbes des débits et des consommations

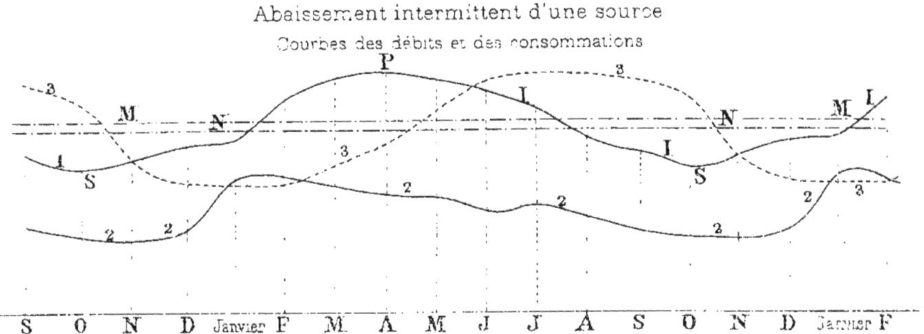

1 Courbe des débits moyens d'une source

2 Courbe des débits de grande sécheresse

3 Courbe des débits nécessaires pour la consommation

M M Débit moyen de la source, 190 litres

N N Débit moyen de la consommation, 150 litres

Détermination du niveau d'abaissement intermittent d'une source

Fig. 138

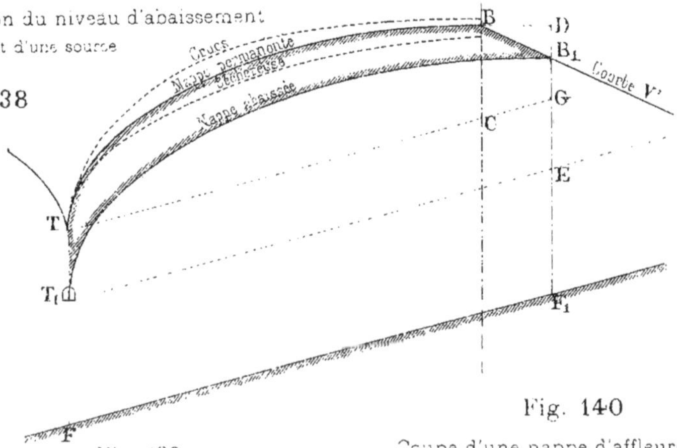

Crues
Nappe permanente
Sécheresse
Nappe abaissée
B
D
B_1
Courbe V'
G
C
E
T
T_1
F_1
F

Fig. 139

B Ligne de faîte B'

M
D
D'
S
C
C'

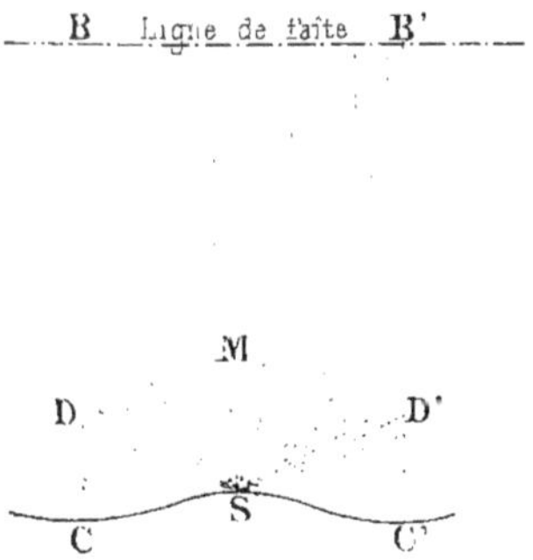

Fig. 140

Coupe d'une nappe d'affleurement avec source localisée

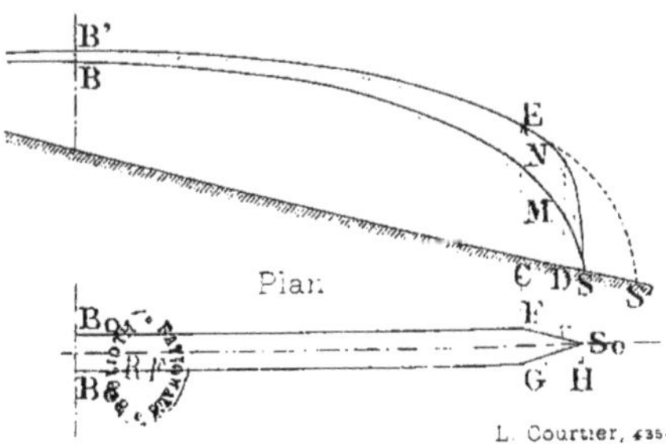

B'
B
E
N
M
C D S S'

Plan

B
F
So
B
G H

L. Courtier, 43541

ÉTUDES SUR LES SOURCES

Fig. 141

Source d'affleurement

Amélioration par exhaussement en amont de la source

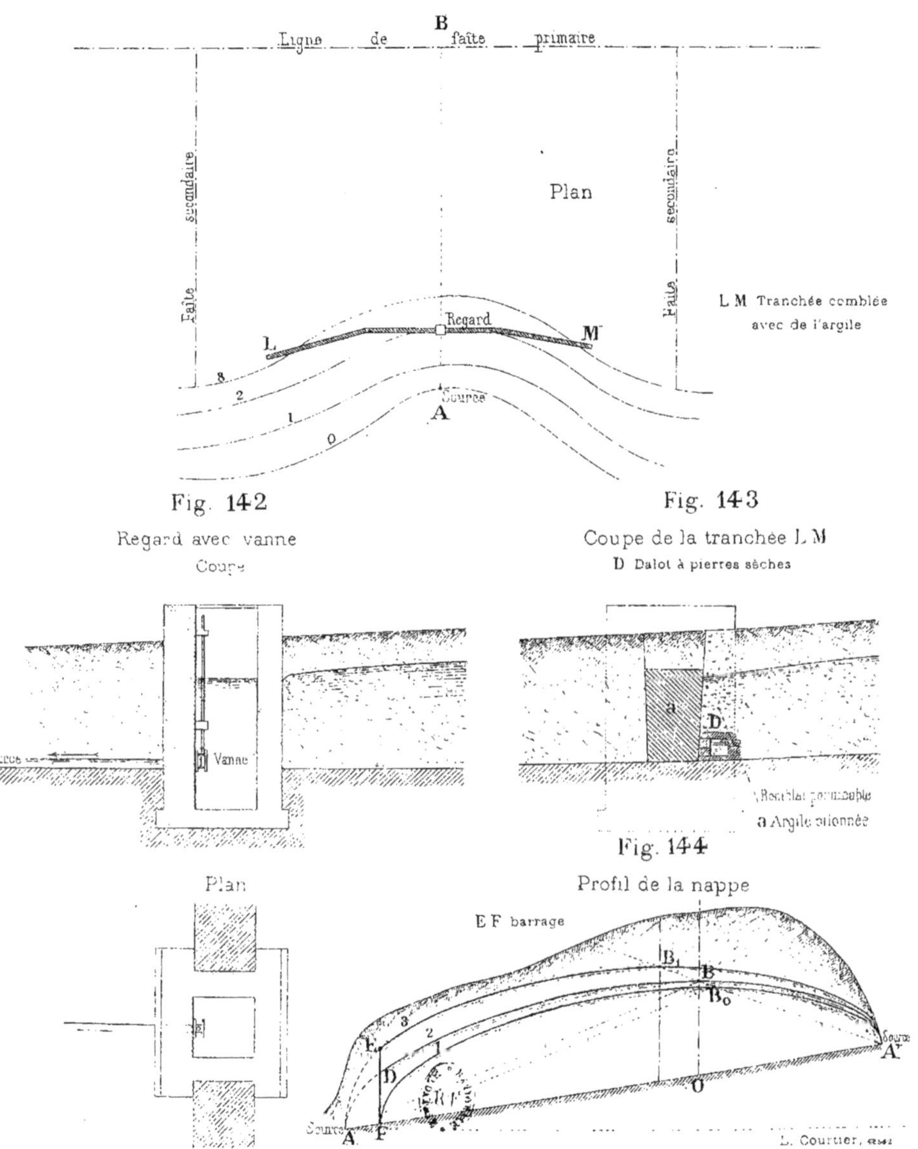

Fig. 142

Regard avec vanne

Coupe

Fig. 143

Coupe de la tranchée L M

D Dalot à pierres sèches

Fig. 144

Profil de la nappe

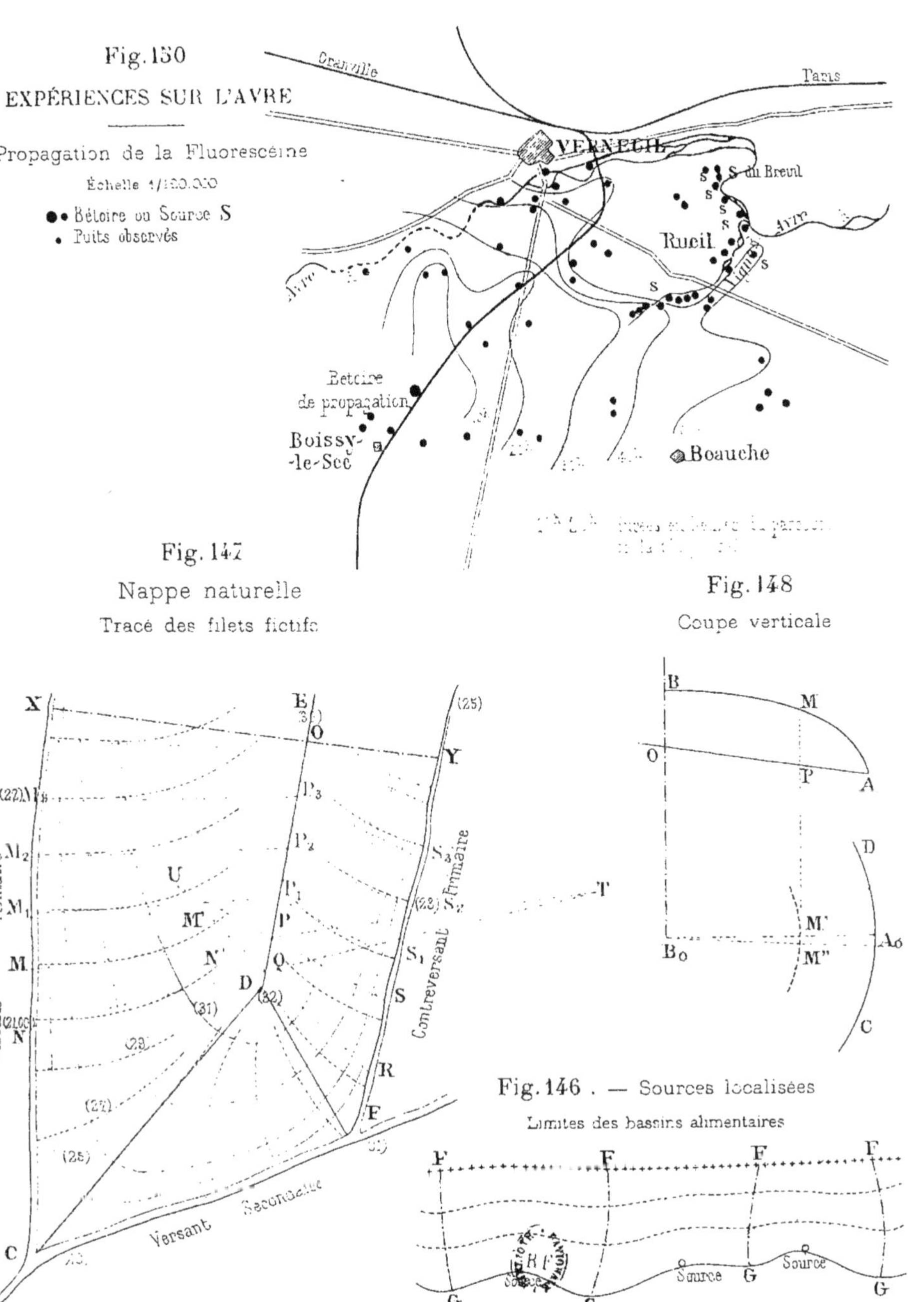

Fig. 150
EXPÉRIENCES SUR L'AVRE
Propagation de la Fluorescéine
Échelle 1/100.000
●• Bétoire ou Source S
• Puits observés

Fig. 147
Nappe naturelle
Tracé des filets fictifs

Fig. 148
Coupe verticale

Fig. 146. — Sources localisées
Limites des bassins alimentaires

L. Courtier, Paris

ÉTUDES SUR LES SOURCES

Fig. 145

Source de thalweg

Amélioration par abaissement sous le thalweg

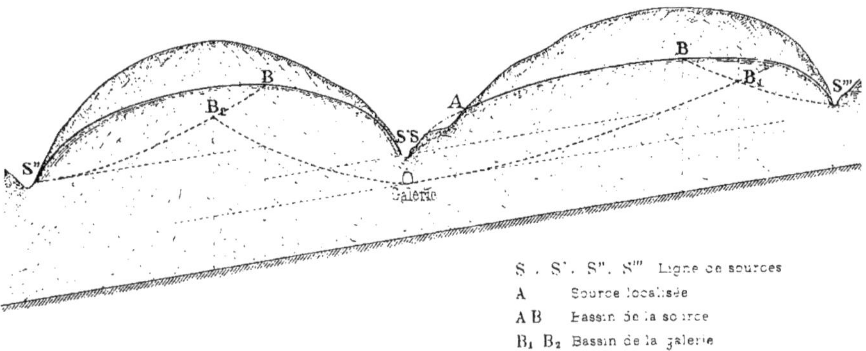

Fig. 151. — Eaux de Dijon, Darcy

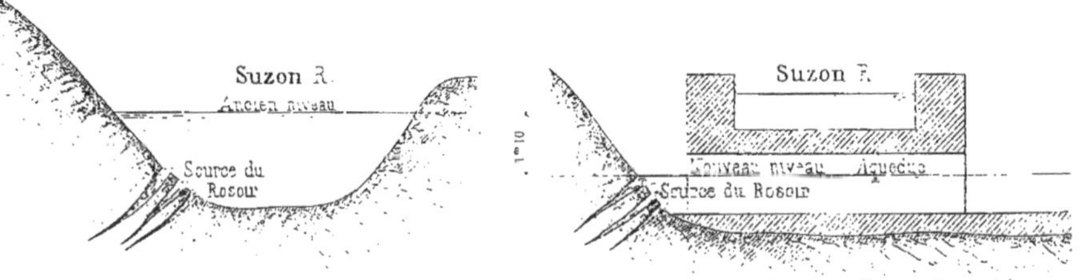

Fig. 152

Amélioration du régime des sources de thalweg par abaissement du niveau

Déviation du cours d'eau

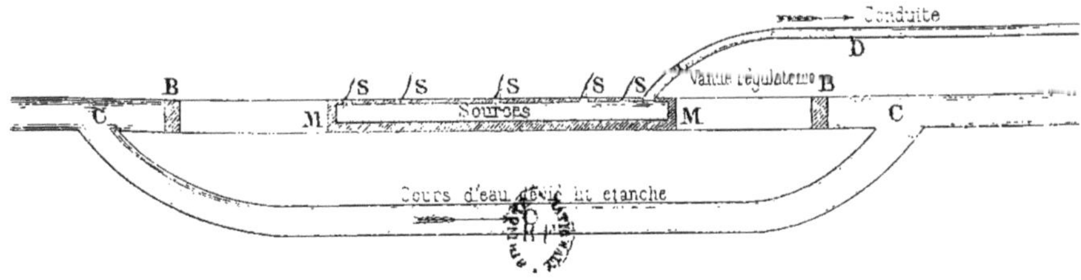

L. Courtier 45843

Fig. 149. — AIN

Lignes de niveau de la nappe des puits profonds dans les Dombes

Échelle 1/400.000

Extrait de la Carte des Sources et Puits

L. Courtier, Paris

ÉTUDES SUR LES SOURCES

Fig. 153

Coupe géologique d'une vallée granitique

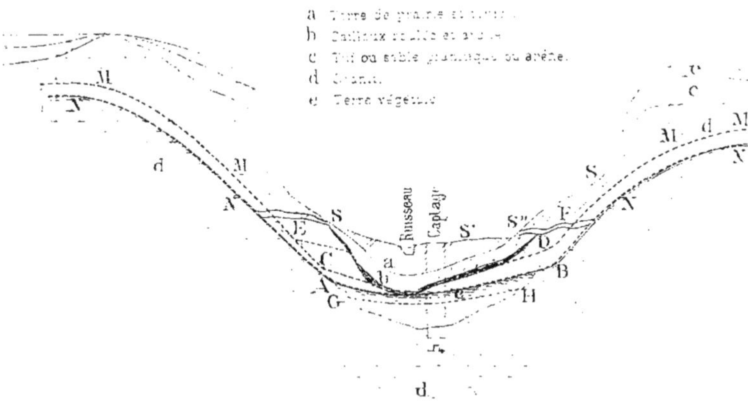

Fig. 162

CAPTAGES DE RENNES

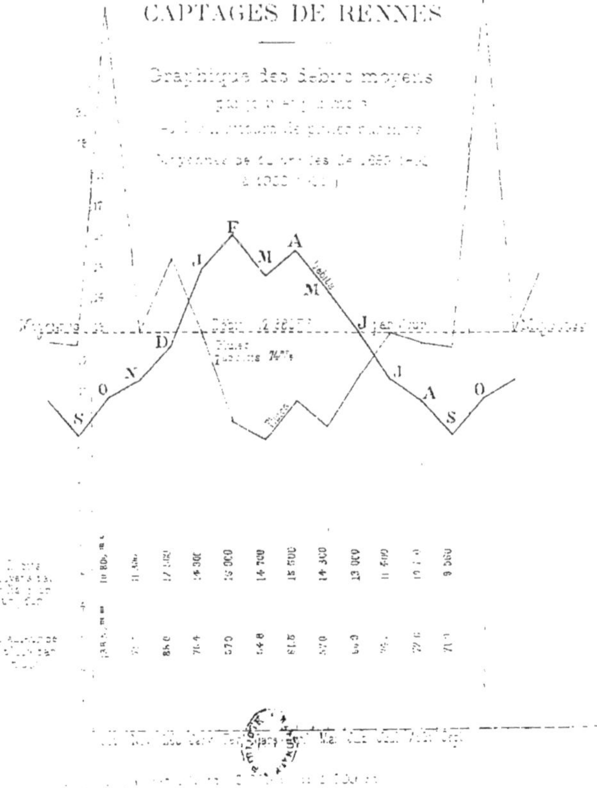

CAPTAGES EN TERRAINS GRANITIQUES. — Types d'aqueducs

Échelle de 0.0133 p. mètre

LÉGENDE

1. - Terre de prairie et tourbe
2. - Cailloux roulés et argile
3. - Tuf granitique
4. - Granite
5. - Maçonnerie de pierres sèches
6. - Remblai en sable et gravier
7. - Remblai en mousse
8. - Remblai avec les matériaux de la fouille
9. - Maçonnerie de béton de ciment
10. - Chape en ciment
11. - Maçonnerie de moellons avec ciment
12. - Remplissage en éclats de pierres
13. - Remblai en sable de mer

Fig. 154 - Limoges. Fig. 155 - Rennes (primitif) Fig. 156 - Fougères Fig. 157 - Vitré

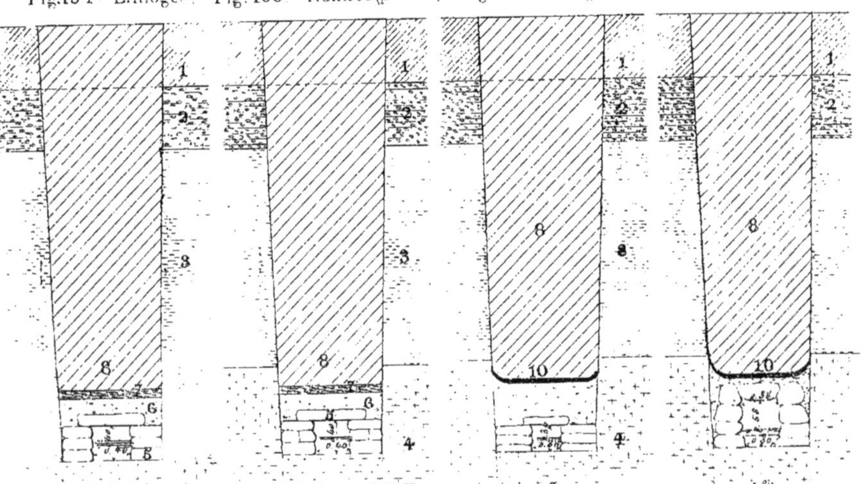

Fig. 158 - Rennes (transformé)

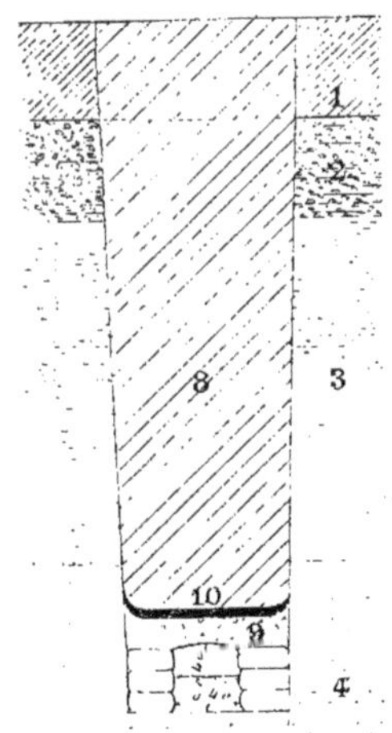

Fig. 159 - Lorient

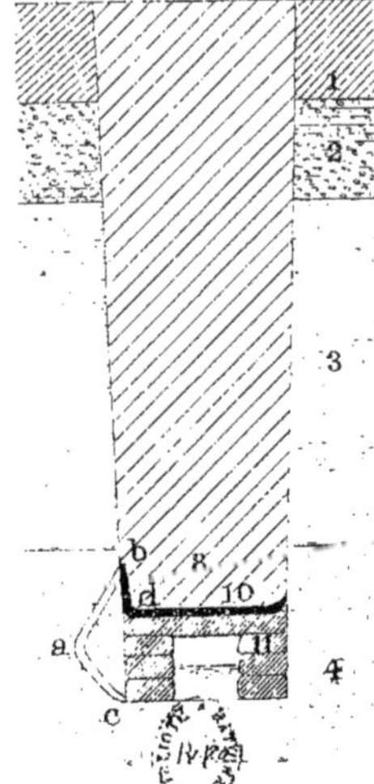

Fig. 160 - Quimper

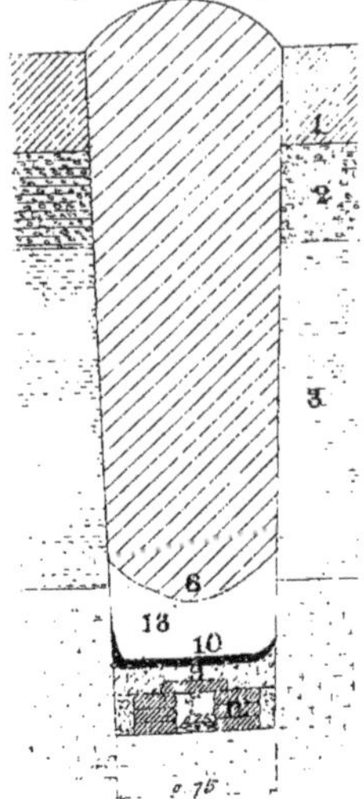

Fig. 161

CAPTAGES DE LA VILLE DE RENNES

Plan général

Échelle 1/60 000

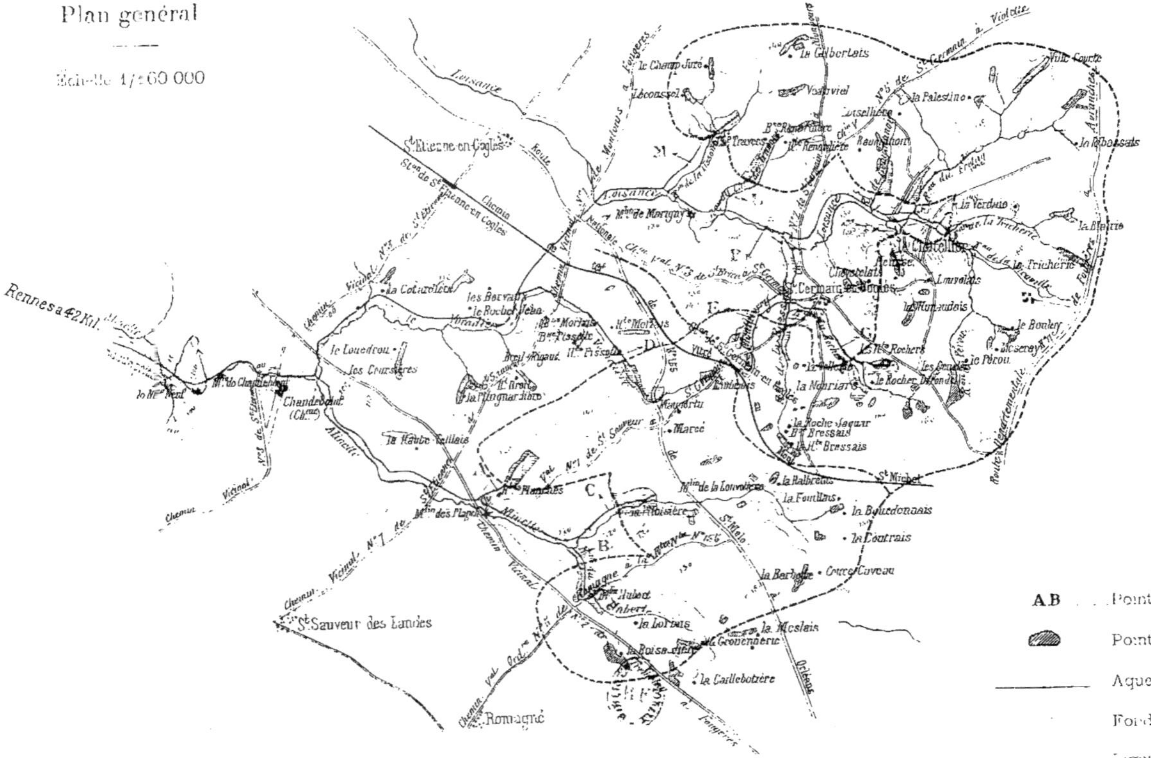

Légende

AB . . Points de jaugeages

Points d'émergence de sources

Aqueducs ou galeries

Fond des vallées drainées

Limites des bassins orographiques des captages

L. Courtier.

L. Courtier, Paris

ÉTUDES SUR LES SOURCES

Pl. XLVII

Fig. 163. — CAPTAGES DE RENNES

Graphique des valeurs de α en supposant β = 370

○ Points d'anomalies

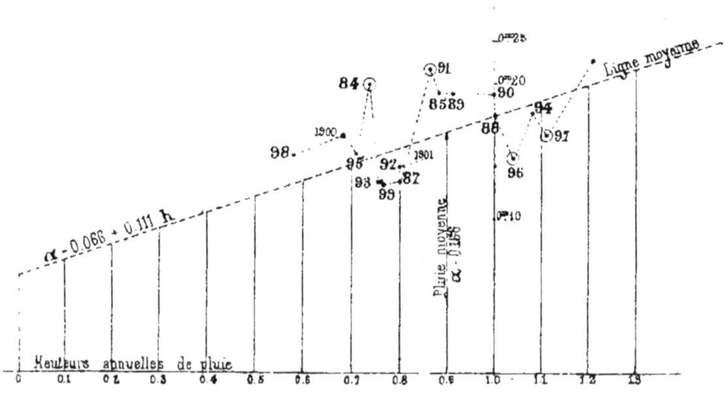

Fig. 165

Calcul de (1+ K) α.

Méthode du point d'inflexion

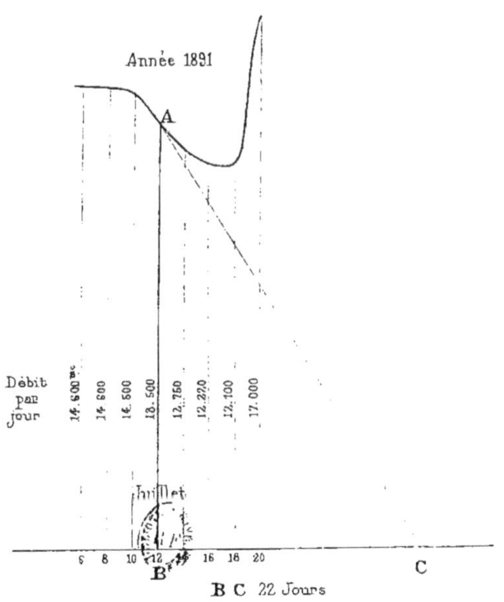

L. Courtier.

ÉTUDES SUR LES SOURCES

Pl. XLVIII

Fig. 164

CAPTAGES EN TERRAIN GRANITIQUE

(Eaux de Rennes)

Profil théorique moyen d'une vallée

Échelles { Longueurs 0,00015
Hauteurs 0,0015

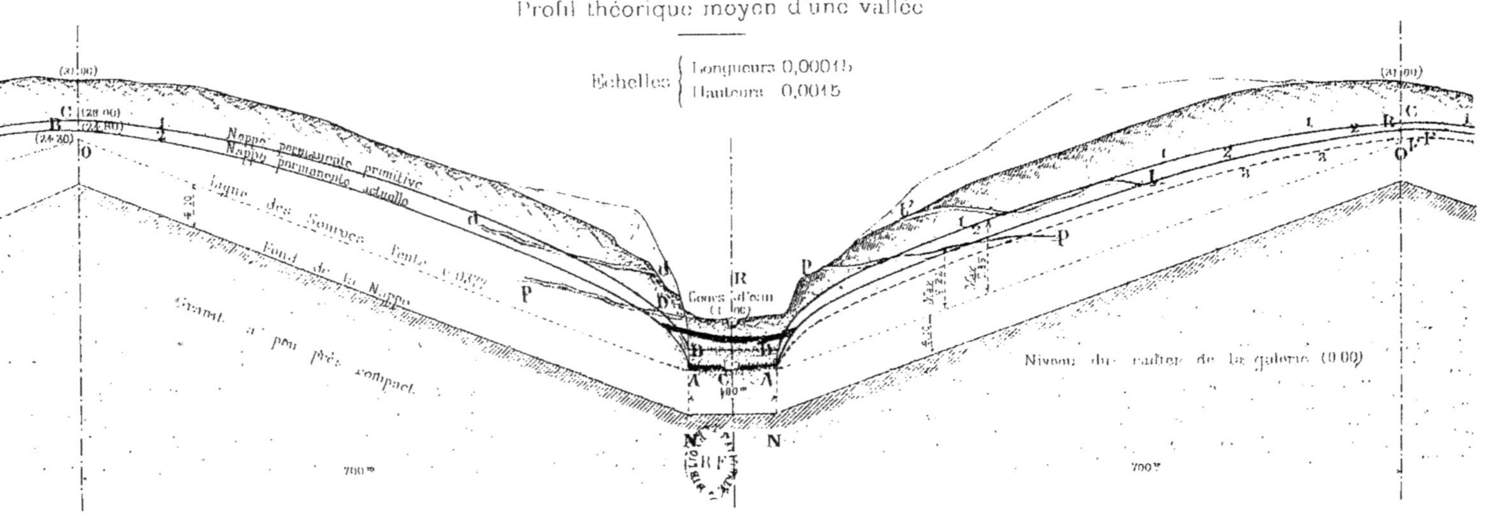

1,1 Nappe permanente primitive
2,2 Nappe permanente actuelle
3,3 Nappe actuelle à la fin de l'été

G Galerie ou drain
OF Prolongement virtuel de la nappe primitive
OE id. id. actuelle
dd Source ancienne disparue
pp Sources pérennes
tt Sources temporaires qui tarissent en été

L. Court

ÉTUDES SUR LES SOURCES

CAPTAGES DE RENNES

Fig. 166 — Regards avec vannes d'arrêt
Coupe en long

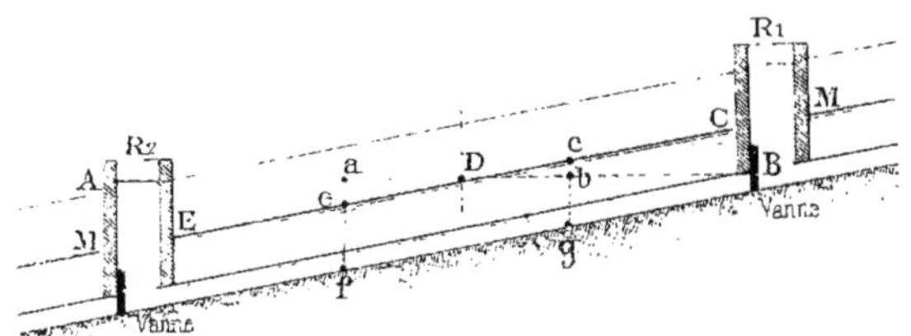

Fig. 167 — Plan de la vallée

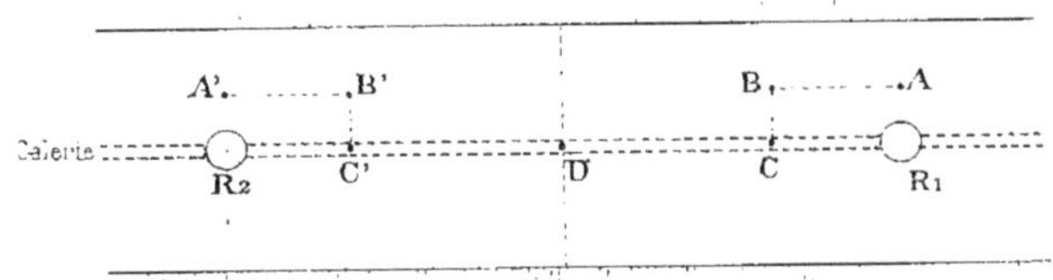

Fig. 168 — Barrages formant rétrécissements
Plan

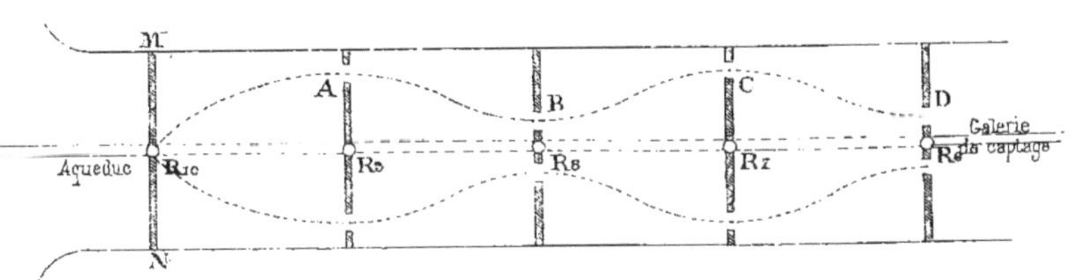

Fig. 169 — Coupe sur la galerie de captage
Régime d'hiver

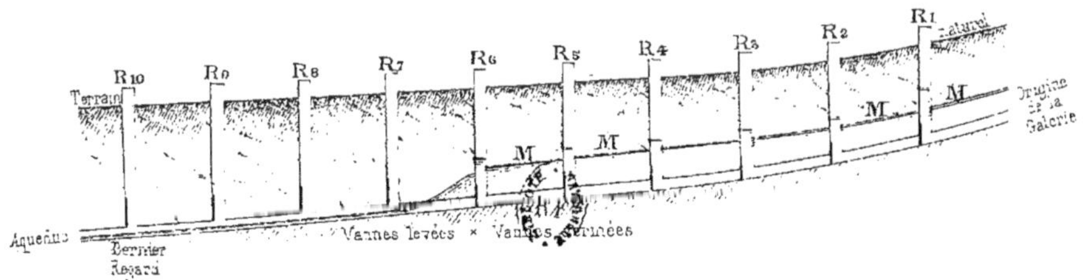

L. Courtier,

ÉTUDES SUR LES SOURCES

Fig. 170. — PLAN SYPNOTIQUE DES ENVIRONS DE BRUXELLES
Aqueducs et galeries de captage

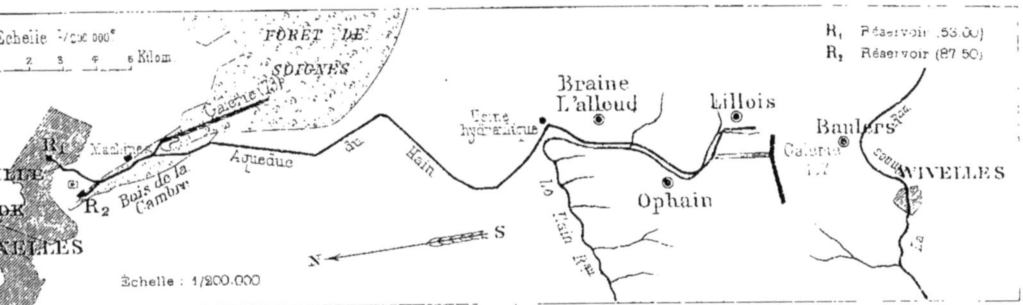

Fig. 172. — EAUX DE BRUXELLES — BASSIN DU HAIN
Coupe sur XYZ du plan

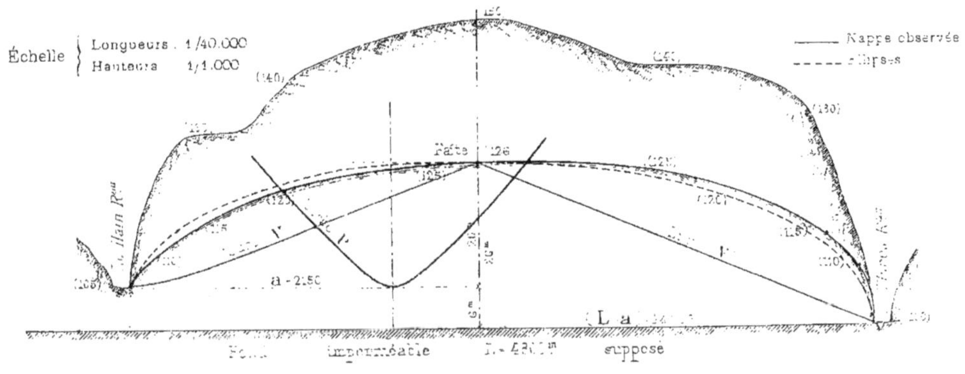

Fig. 172 bis

Fig. 173. — Graphique des largeurs du bassin alimentaire de la galerie de captage du Hain, LKM du plan.

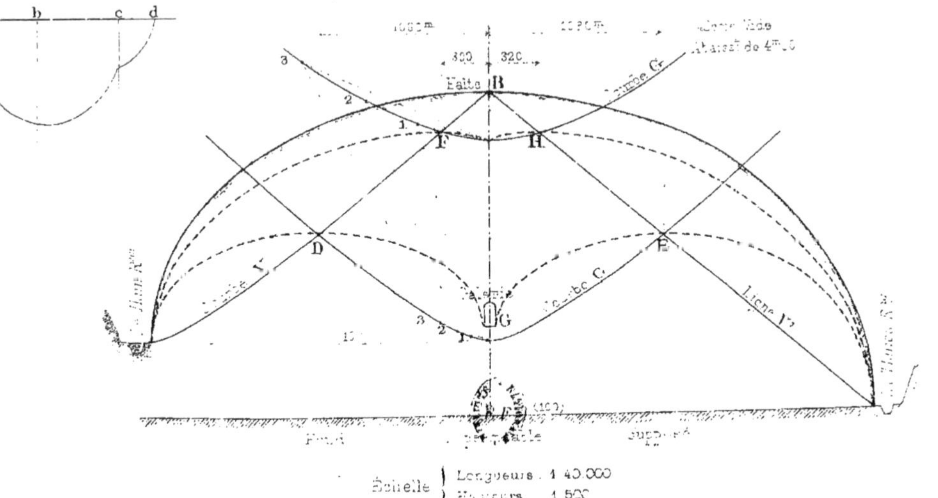

ÉTUDES SUR LES SOURCES

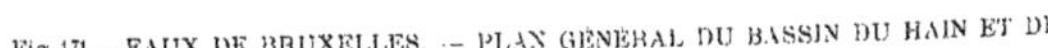

Fig. 171. — EAUX DE BRUXELLES. — PLAN GÉNÉRAL DU BASSIN DU HAIN ET DES GALERIES DE CAPTAGE

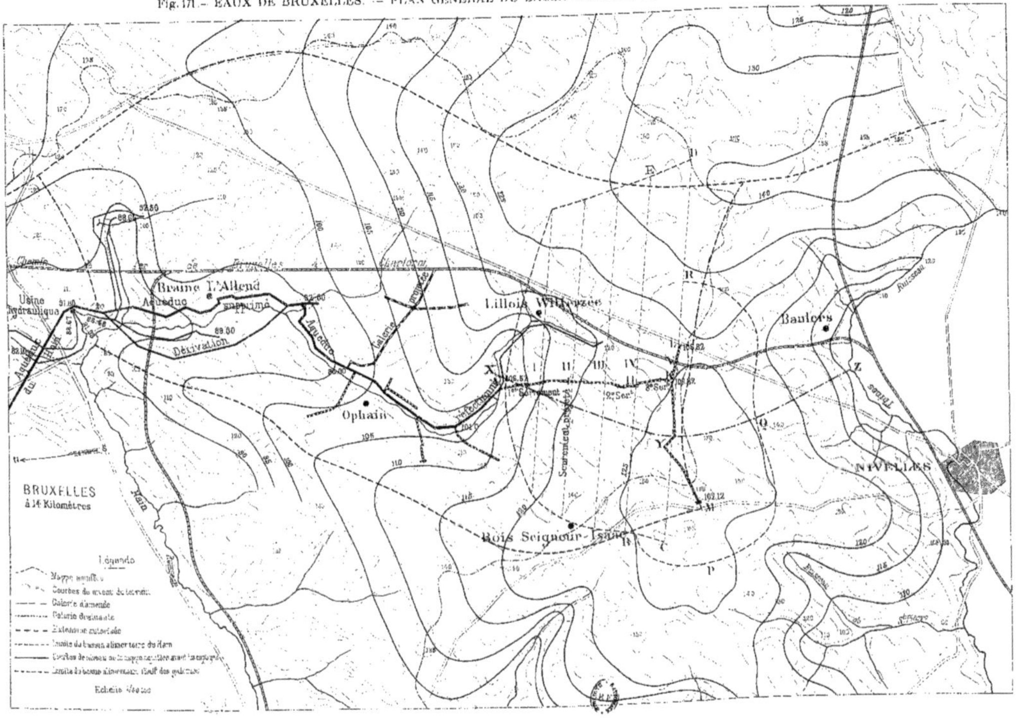

ÉTUDES SUR LES SOURCES

Fig. 174. EAUX DE BRUXELLES. — GALERIE DE LA FORET DE SOIGNES

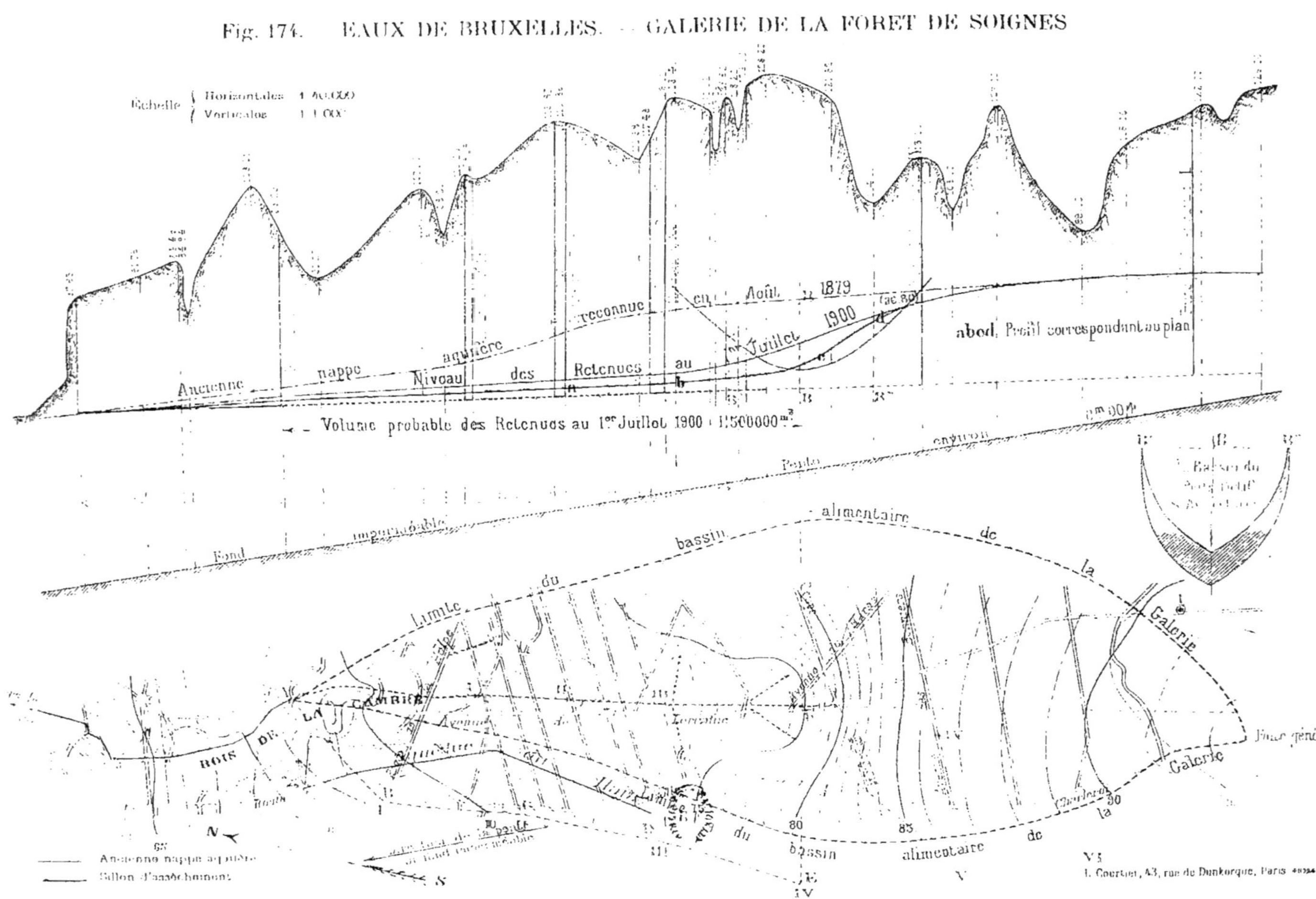

I. Courtier, 43, rue de Dunkerque, Paris

ÉTUDES SUR LES SOURCES

Fig. 176. - EAUX DE BRUXELLES. - GALERIE DE LA FORÊT DE SOIGNES
Recherche du contour fictif du bassin alimentaire
(Côté gauche de la galerie)

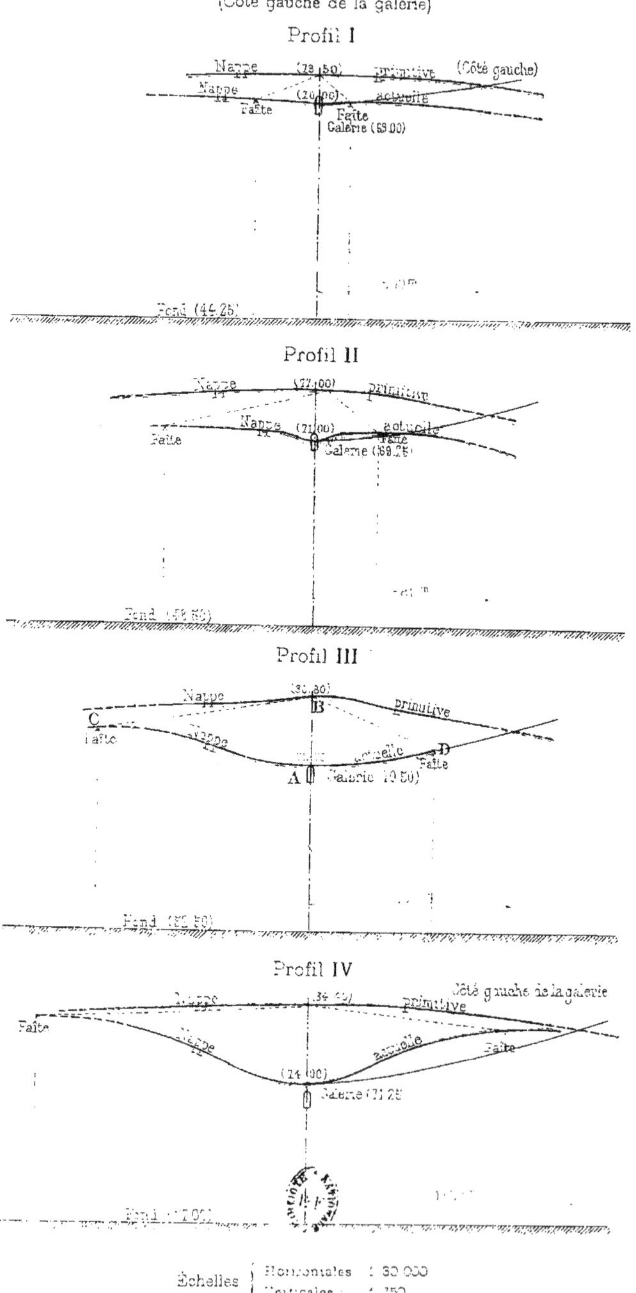

Échelles { Horizontales 1 : 30 000
Verticales 1 : 750

Fig. 177. — EAUX DE BRUXELLES

Coupe sur la galerie du Hain

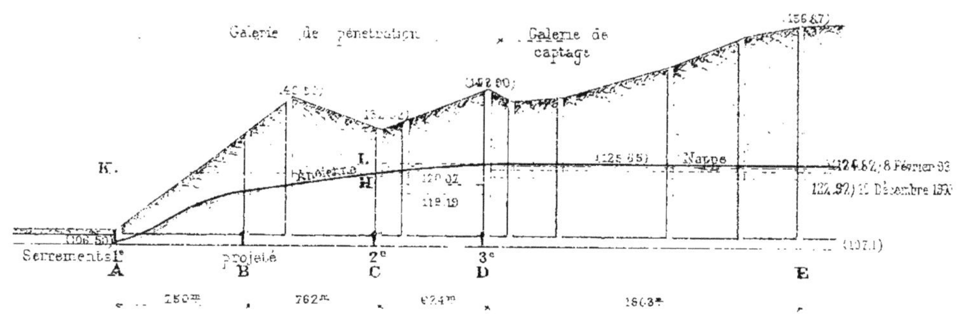

Fig. 178. — EAUX DE BRUXELLES. — GALERIE DU HAIN

Recherche du contour du bassin alimentaire fictif de la galerie

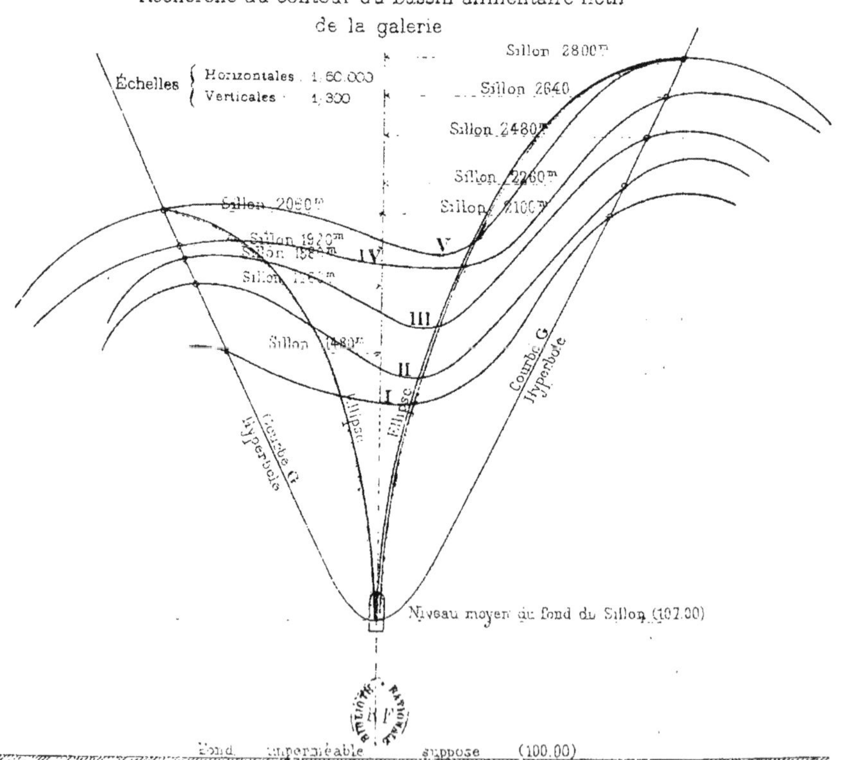

L. Courtier, 64084

Fig. 179. — EAUX DE LIÈGE. — PLAN GÉNÉRAL

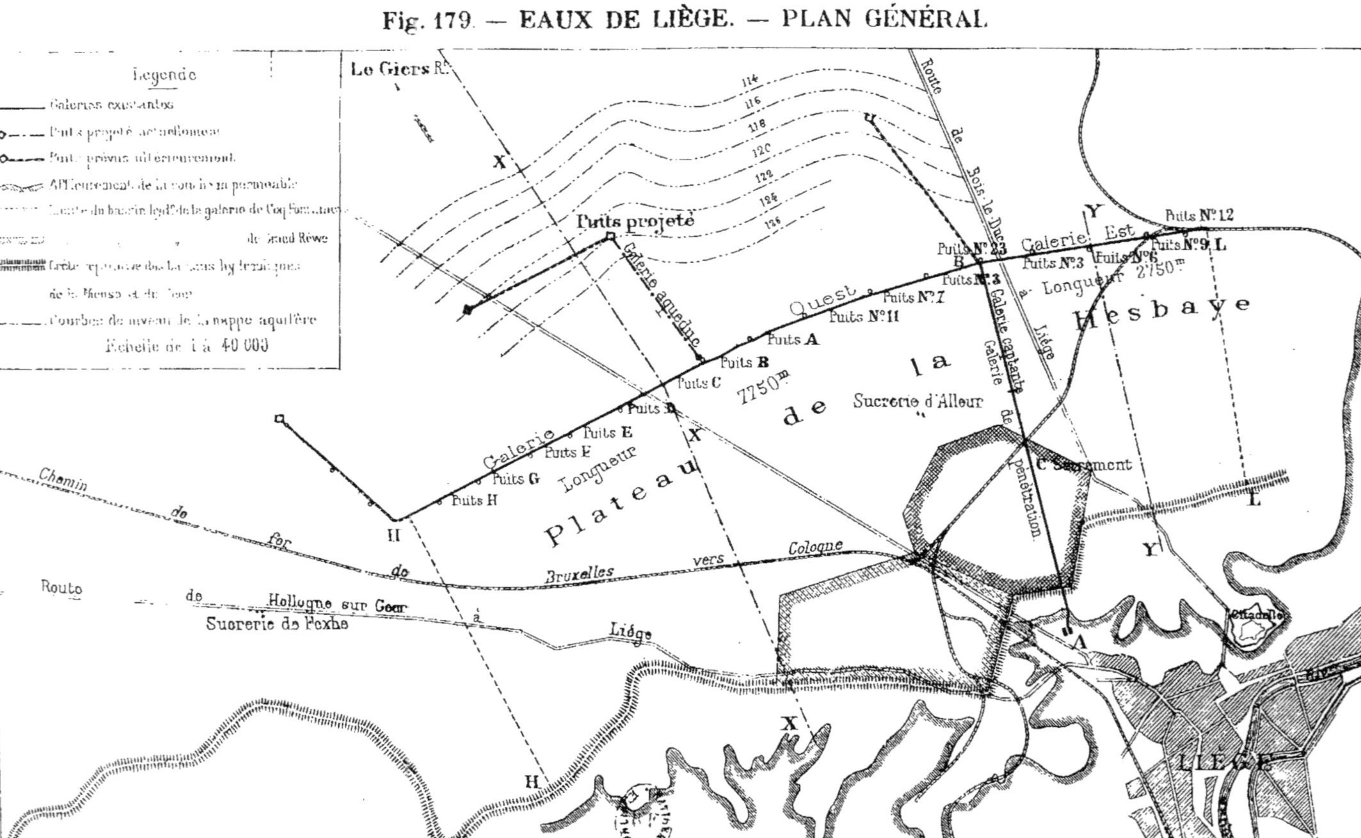

L. Courtier, 42016

Fig. 180. — EAUX DE LIÈGE

Coupe sur la galerie principale ou de pénétration

Échelles (Fig 180 et 181) { Longueurs : 1/80.000 / Hauteurs : 1/2.000

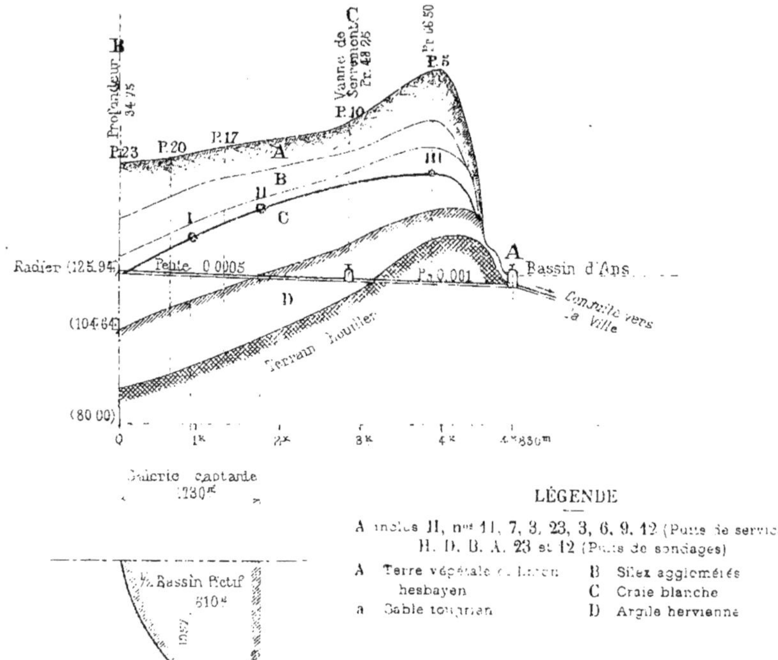

LÉGENDE

A indique II, nos 11, 7, 3, 23, 3, 6, 9, 12 (Puits de service)
H. D. B. A. 23 et 12 (Puits de sondages)

A Terre végétale ou Limon hesbayen — B Silex agglomérés
a Sable tongrien — C Craie blanche
D Argile hervienne

Fig. 181. — EAUX DE LIÈGE

Profil des galeries de captage

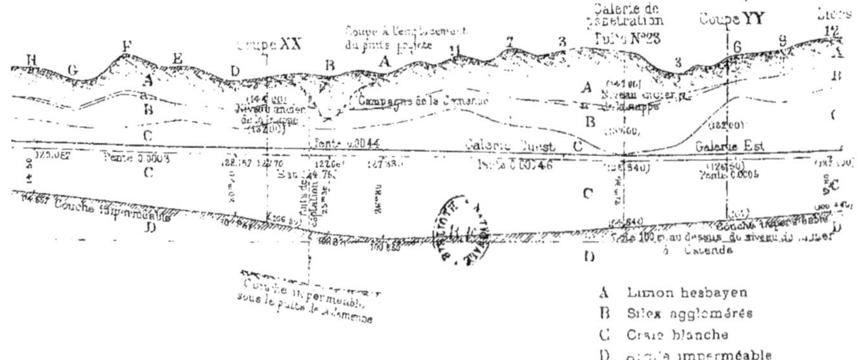

A Limon hesbayen
B Silex agglomérés
C Craie blanche
D Argile imperméable

L. Courtier, sc.

ÉTUDES SUR LES SOURCES

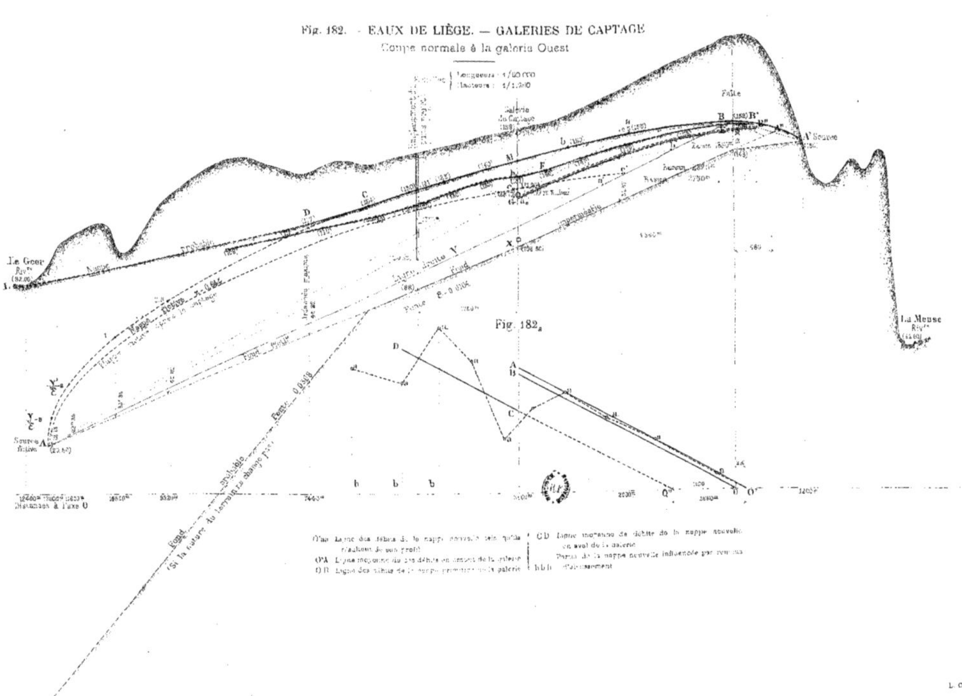

Fig. 183. — EAUX DE LIÈGE — GALERIE DE L'EST

Recherche de la largeur du bassin alimentaire

Échelles { Longueurs : 1/100.000
Hauteurs : 1/2.000

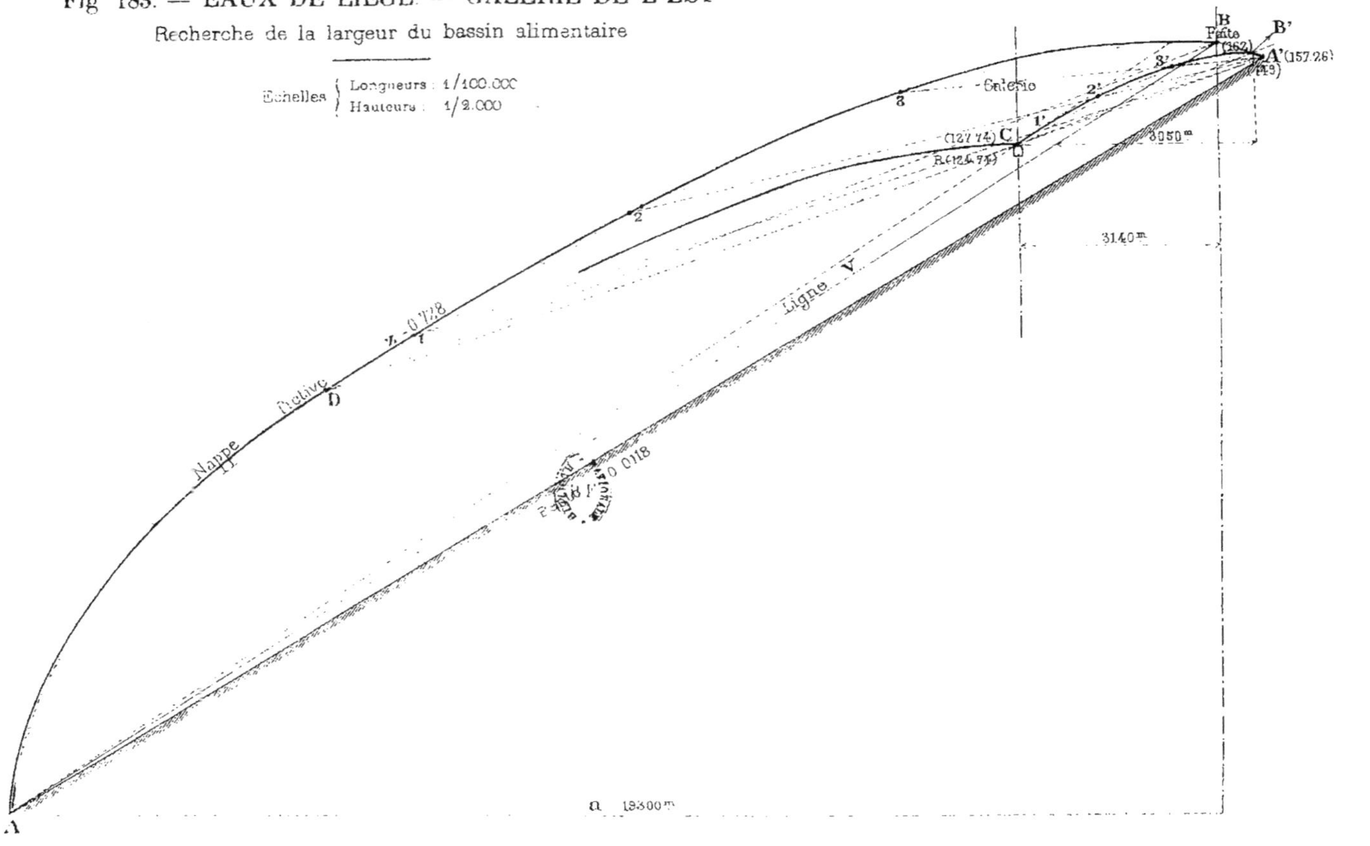

L. Courtier, 47018

Fig. 184. — EAUX DE LIÈGE

Coupe sur les galeries (Niveau 1,80)

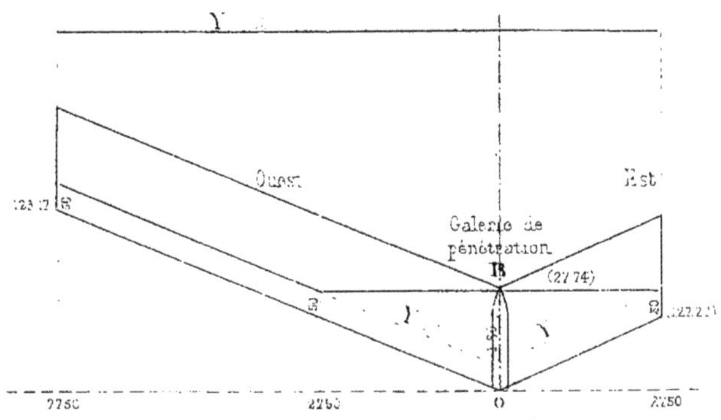

Fig. 185. — EAUX DE LIÈGE

Tracé théorique des nappes dans le voisinage de la galerie

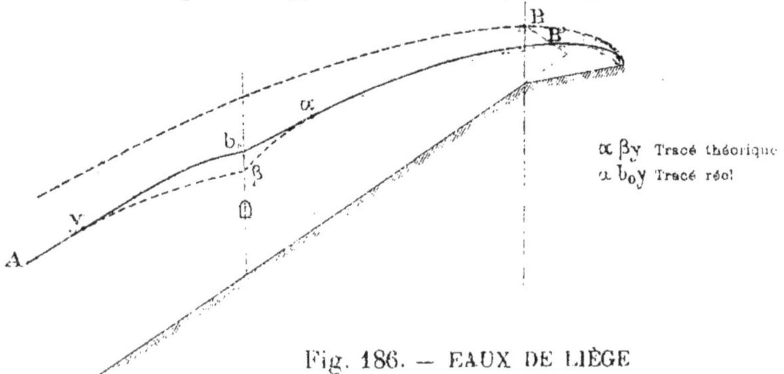

Fig. 186. — EAUX DE LIÈGE

Débits par jour et niveaux de la réserve de 1890 à 1897

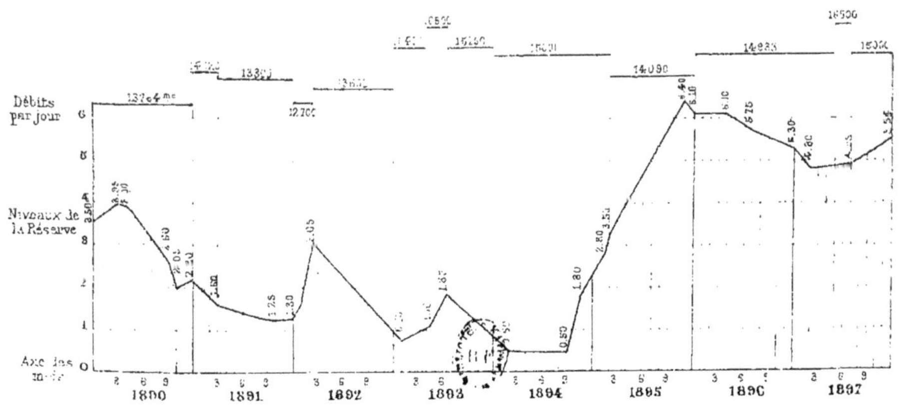

Fig. 187. — EAUX DE LIÈGE. — GRAPHIQUE DU PUITS PROJETÉ

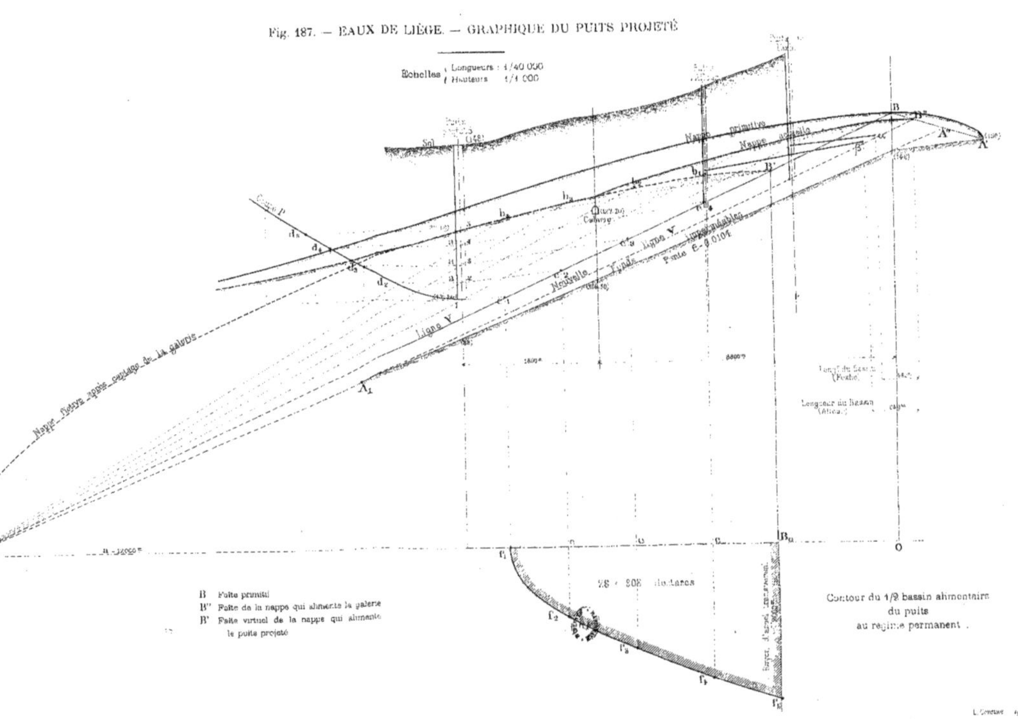

Fig. 188. — PUITS DE FEXHE
Coupe verticale

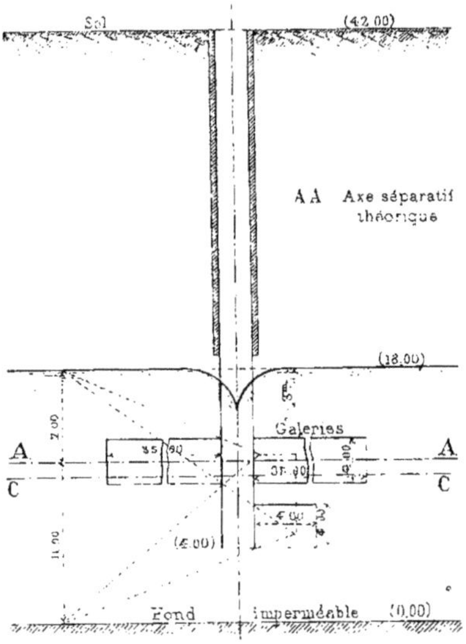

Fig. 189. — PUITS D'ALLEUR
Coupe verticale

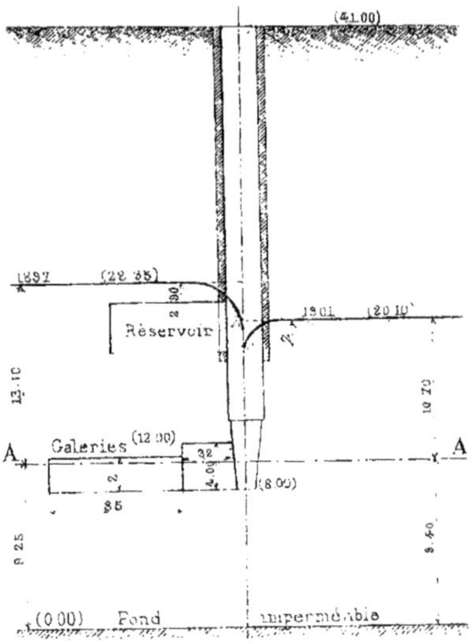

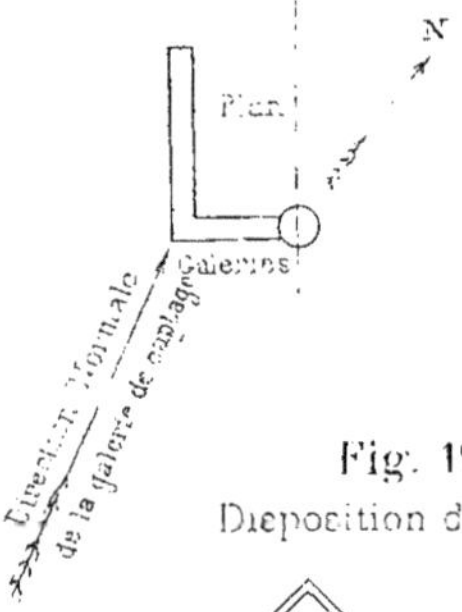

Fig. 190. — PUITS D'ALLEUR (LIÈGE)
Plan des abords

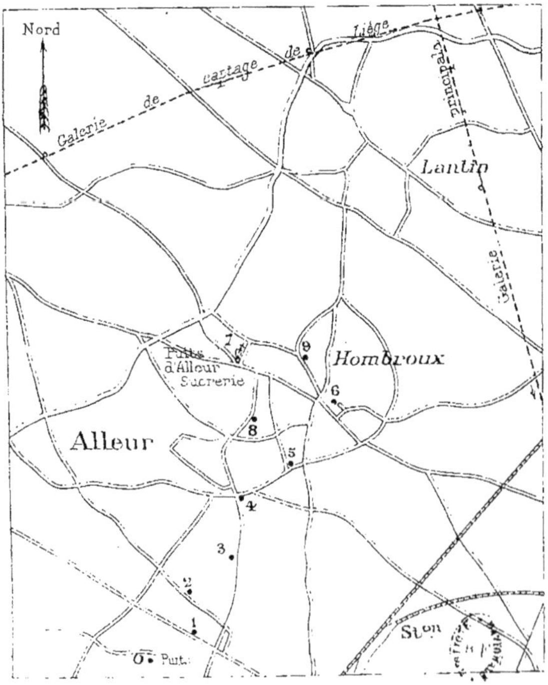

Fig. 192bis
Disposition des galeries

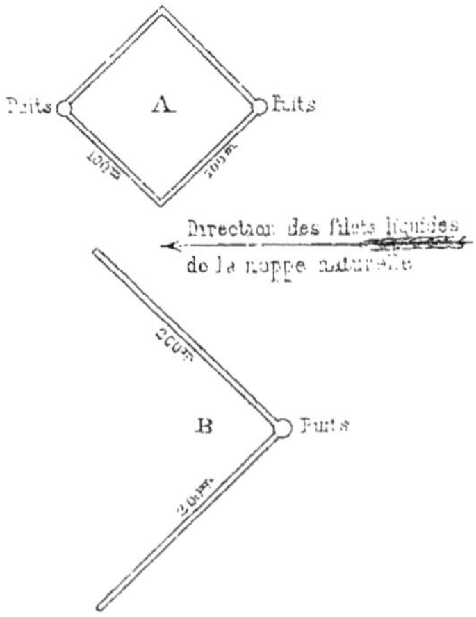

L. Courtier.

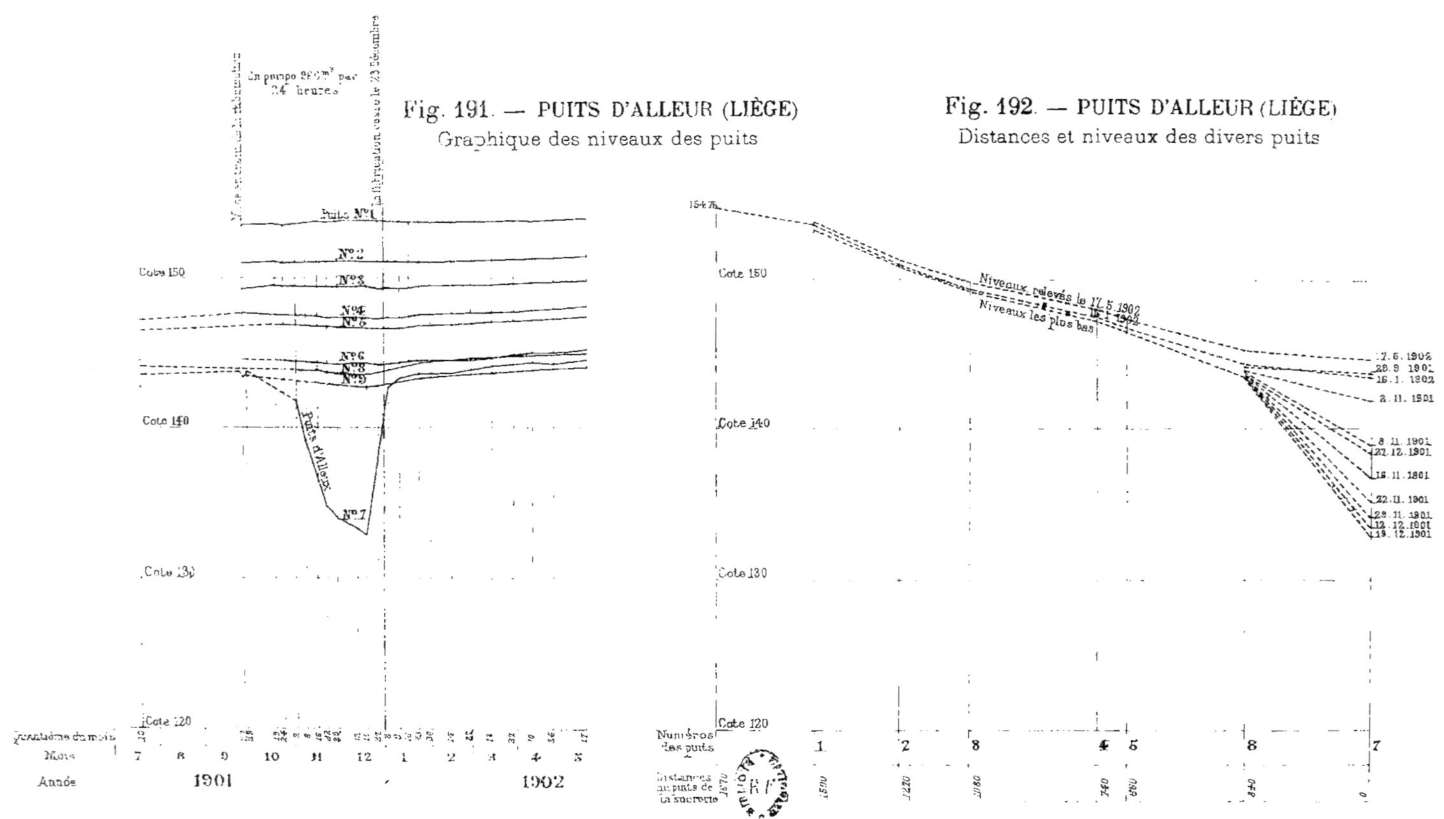

Fig. 191. — PUITS D'ALLEUR (LIÈGE)
Graphique des niveaux des puits

Fig. 192. — PUITS D'ALLEUR (LIÈGE)
Distances et niveaux des divers puits

L. Courtier, 49061.

Fig. 193

Théorie de la courbe F. (Note A)

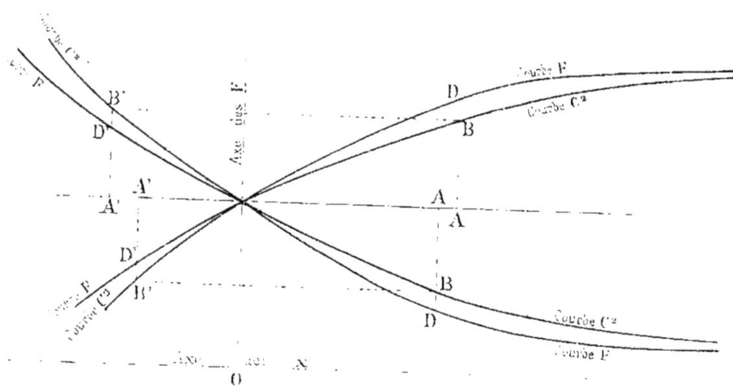

Fig. 194

Crues et décrues continues (Note A)

Raccordement avec le regime permanent

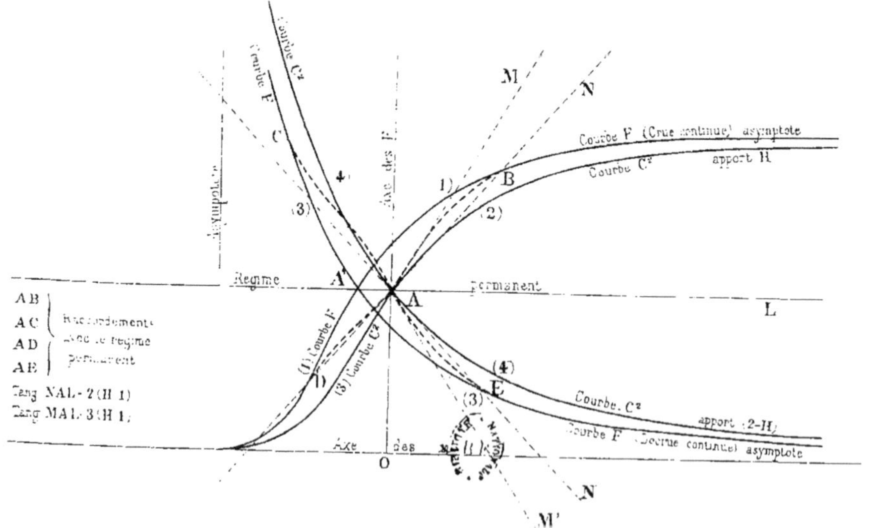

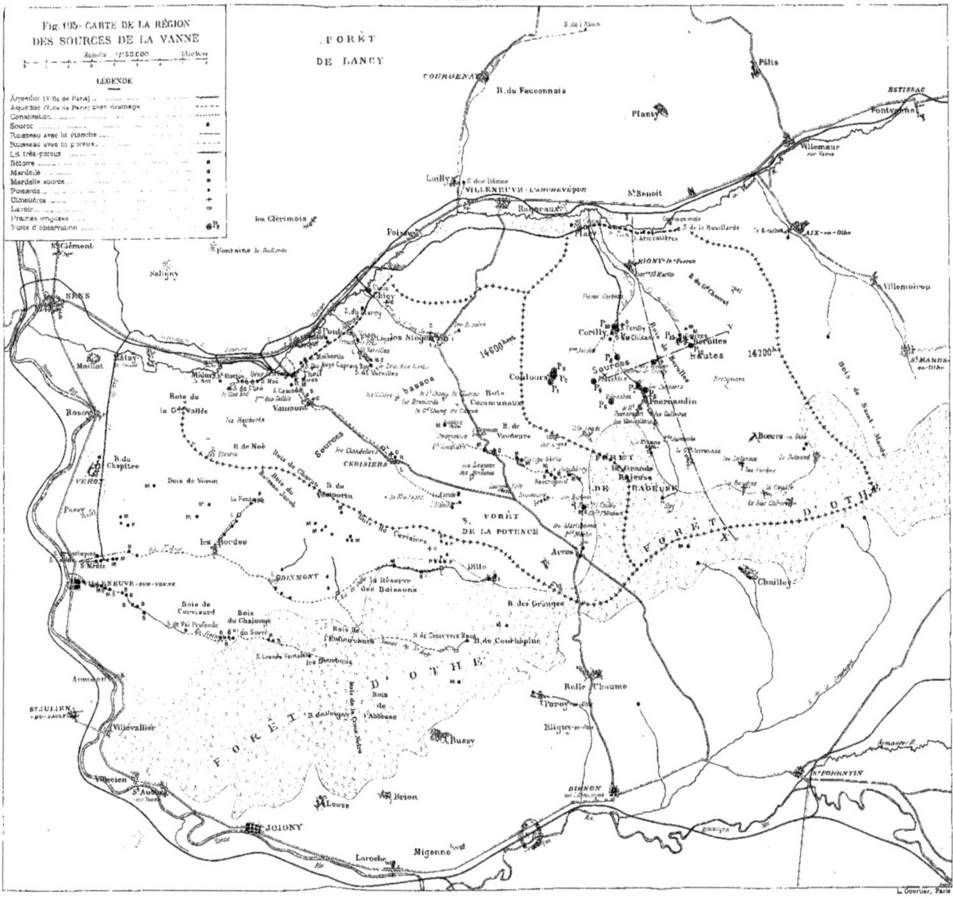

Fig. 195 - CARTE DE LA RÉGION DES SOURCES DE LA VANNE

Échelle 1/150.000

LÉGENDE

Aqueduc (Ville de Paris)
Aqueduc (Ville de Paris) avec drainage
Canalisation
Source
Ruisseau avec lit étanche
Ruisseau avec lit poreux
Lit très-poreux
Bétoire
Mardelle
Mardelle source
Puisards
Cimetières
Lavoir
Prairies irriguées
Puits d'observation

FORÊT DE LANCY
Courgenay
B. du Fauconnais
Pâlis
Planty
Estissac
Fontvannes
Villemaur sur Vanne
Lailly
Villeneuve-l'Archevêque
Bagneaux
S. Benoit
Les Clérimois
Foissy
Flacy
Aix-en-Othe
S. Clément
Soligny
Sens
Villemoiron
Chigy
Pont
Les Sièges
Theil
Vaumort
Malay
Maillot
Bois de la G. Vallée
Cerisiers
Coulours
Sources
Cerilly
Vareilles
Bérulles
Rigny-le-Ferron
Bois Communaux
B. de Vaudeurs
Forêt de Rageuse
Forêt de la Potence
Forêt d'Othe
Bois de Sainte-Maure
Rosoy
Véron
Bois de Véron
B. du Chapitre
Les Bordes
Dixmont
Dilo
Arces
Chailley
La Réserve des Buissons
Villeneuve-sur-Yonne
Bois de Corvisard
Bois du Chajouge
B. des Granges
B. de Courbépine
Armeau
St. Julien-du-Sault
Villevallier
Belle Chaume
Cerisy
Bligny-en-Othe
Bussy
Villecien
St. Aubin-sur-Yonne
Brion
Joigny
Laroche
Migennes
Brienon
St. Florentin

L. Courtier, Paris

Fig. 190.

PROFIL GÉOLOGIQUE DE VILLENEUVE-L'ARCHEVÊQUE A Sᵗ-FLORENTIN (YONNE)

d'après la Carte géologique au 80.000ᵉ (Fˡˡᵉˢ Sens, Troyes, Tonnerre)

Échelles { Longueurs : 1 à 80.000 / Hauteurs : 1 à 8,000

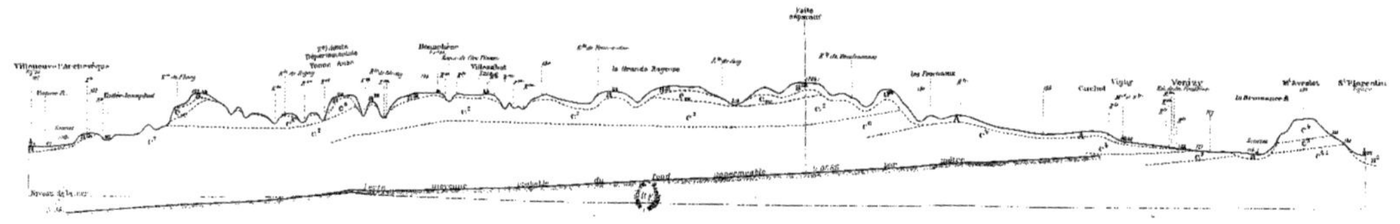

A Dépôts des pentes — a^2 Alluvions modernes — a^{1a} Argile à meulière des plateaux — a^{1b} Cailloux et graviers des vallées (Alluvions anciennes) — e_{IV} Argile plastique (Sparnacien) — C^8 Craie à bélemnitelles Campanien — C^7 Craie à micraster Sénonien

C^6 Craie de Joigny Turonien — C^4 Craie de Rouen Cénomanien — C^3 Marnes de Brienne — $C^{2\text{-}1}$ Sables de la Puisaye et Argiles de Sᵗ Florentin

Albien

Fig. 197

ETUDE SUR LES HAUTES SOURCES DE LA VANNE

Observations du niveau des Puits

(1902-03)

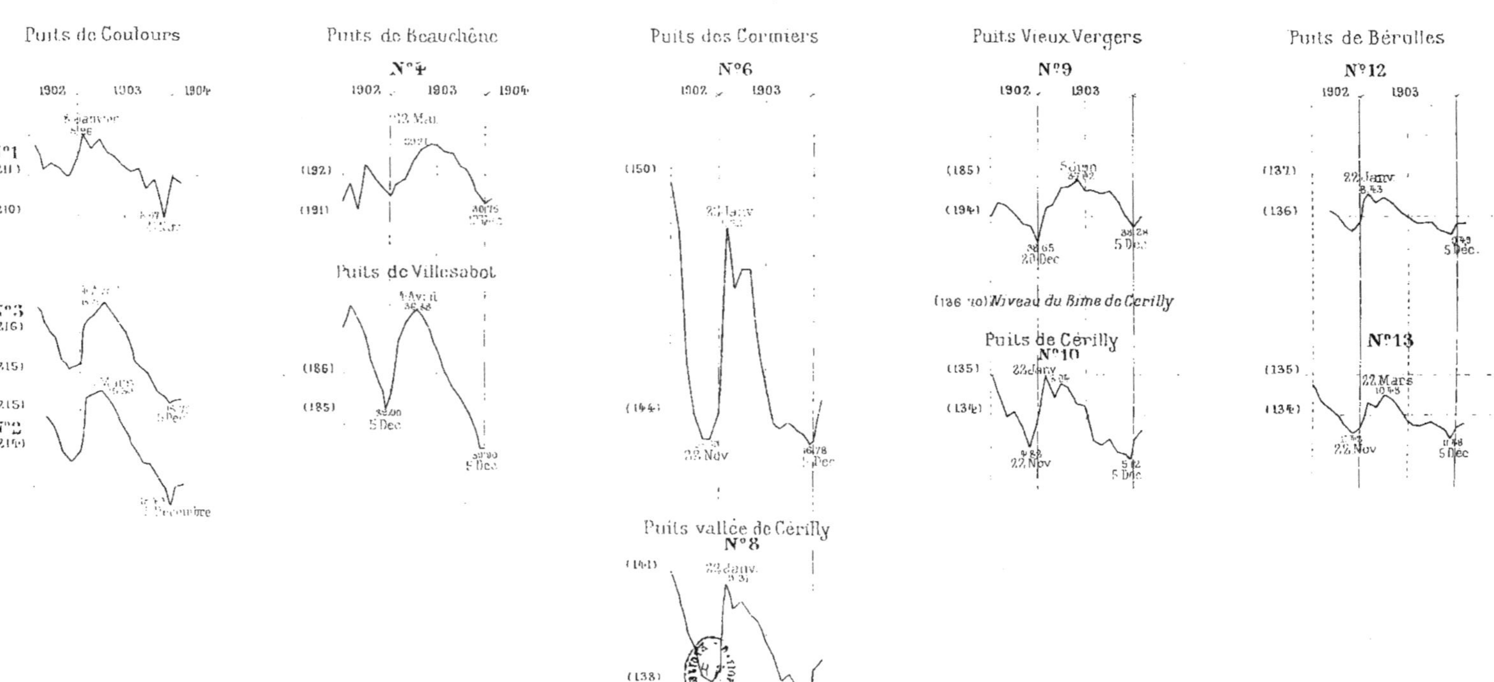

L. Courtier, Paris 50994

Fig. 198

HAUTES SOURCES DE LA VANNE (Eaux de Paris)

Coupe XY du plan passant par Vieux Vergers et Rigny-le-Ferron et coupe par le Rû de Cerilly

S. S. - Sources

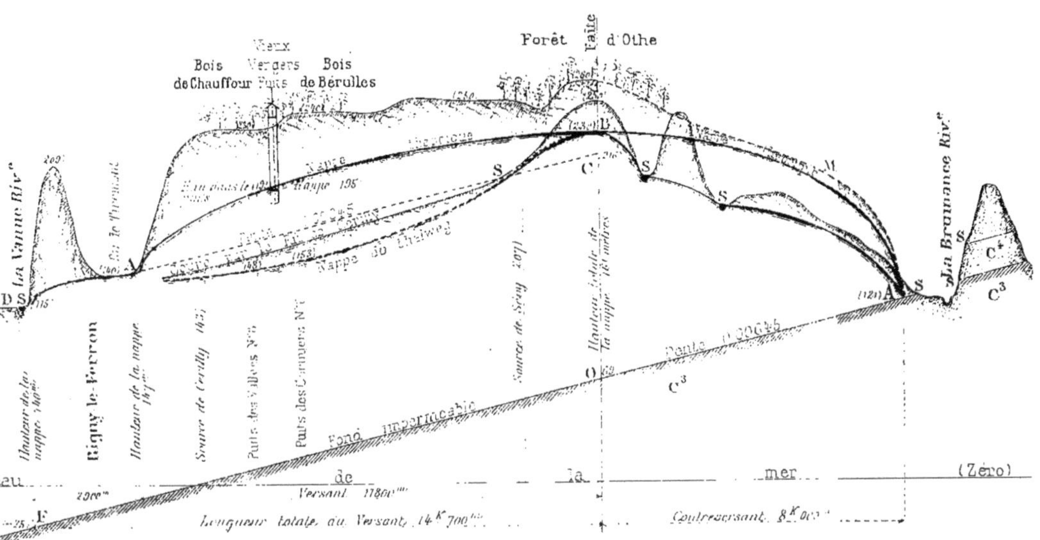

Fig. 199

Coupe en travers XY du plan sur Vieux Vergers et Bérulles

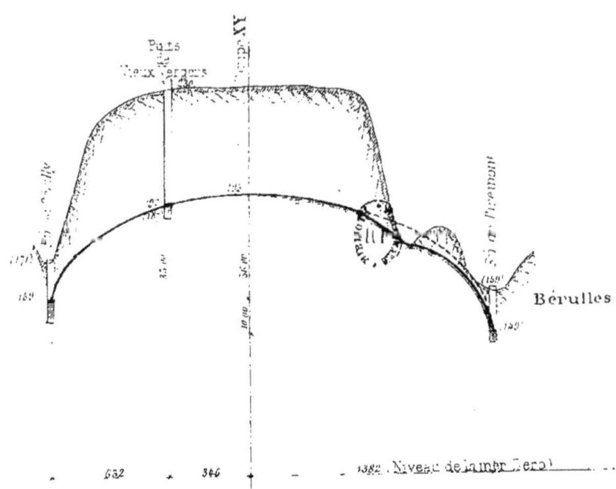

Pl. LXVIII

ÉTUDES SUR LES SOURCES

Fig. 200

SCHÉMA DU BASSIN FICTIF DE LA VANNE

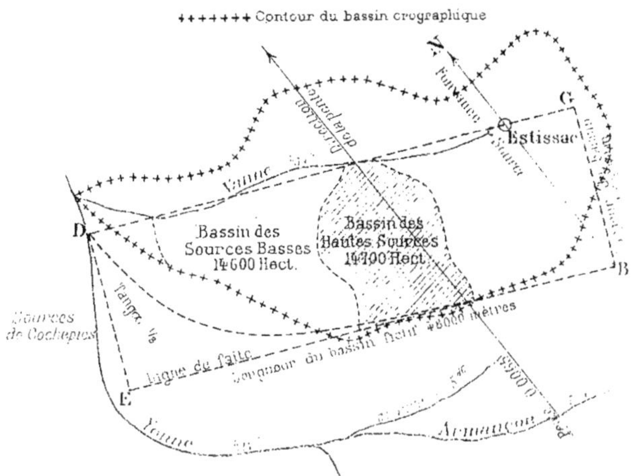

Fig. 201 - GRAPHIQUE D'UNE GALERIE DE CAPTAGE

APPLIQUÉ AU PROFIL DE NAPPE DE LA FIG. 198

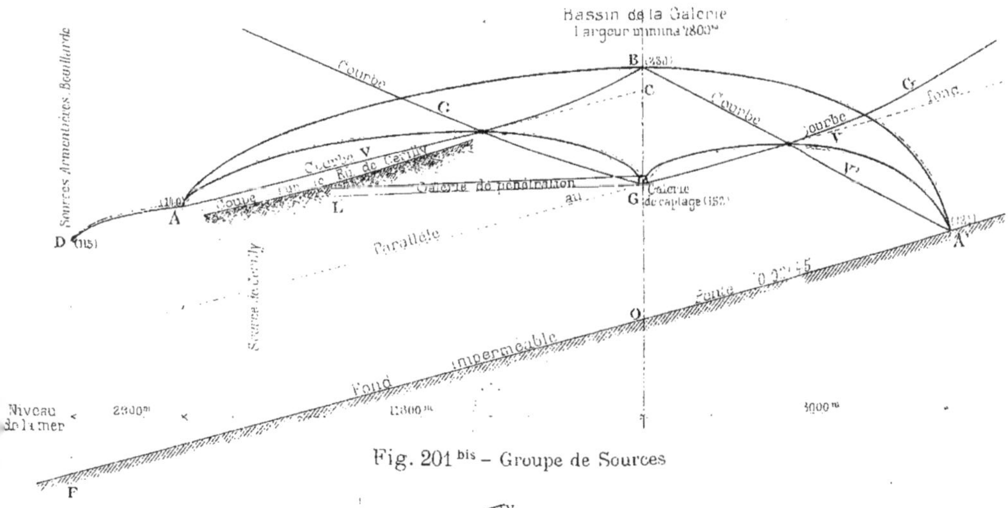

Fig. 201 bis – Groupe de Sources

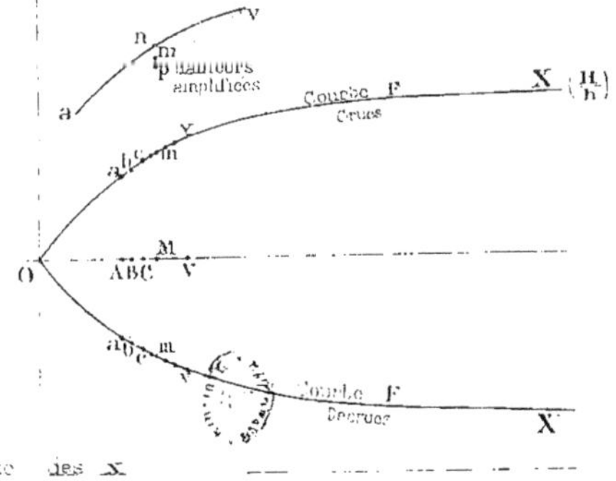

L. Courtier, Paris

ÉTUDES SUR LES SOURCES

Fig. 202 - CAPTAGES DE RENNES (Caractéristique = 5.56)

Courbe statistique des débits par jour (Moyennes mensuelles)

(12 années commençant du 1er Octobre)

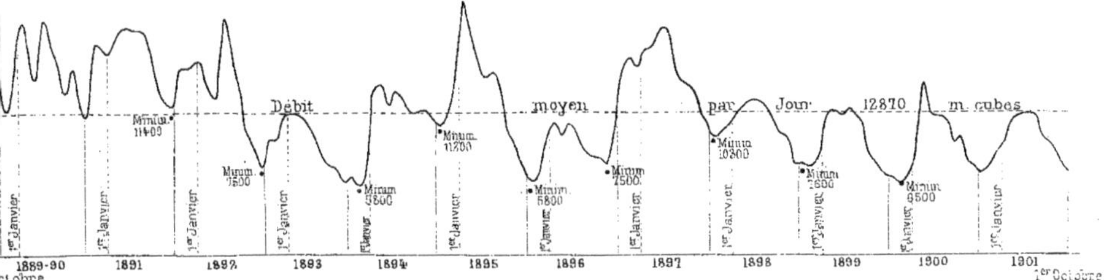

Fig. 203 - HAUTES SOURCES DE LA VANNE (Bouillarde, Armentières, Cerilly, Gaudin)

Courbe statistique des débits par seconde (Moyennes mensuelles)

Échelles { 1 mois = 0,016 ; 100 litres = 0,0033 }

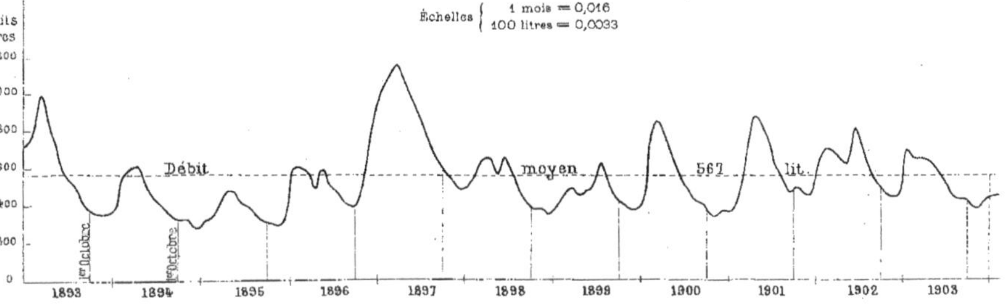

Fig. 204 - FONTAINE DE VAUCLUSE

Courbe statistique des débits moyens par seconde et par mois

Période du 1er Octobre 1893 au 1er Octobre 1903

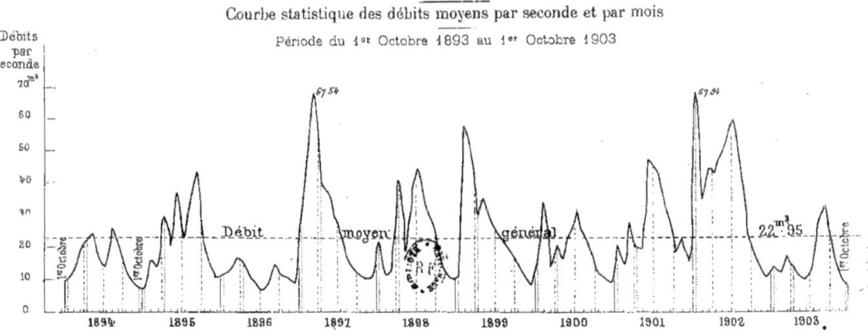

Fig. 205 – EAUX DE RENNES

Courbe des débits par jour (Moyennes mensuelles)

Calcul des apports pluviaux

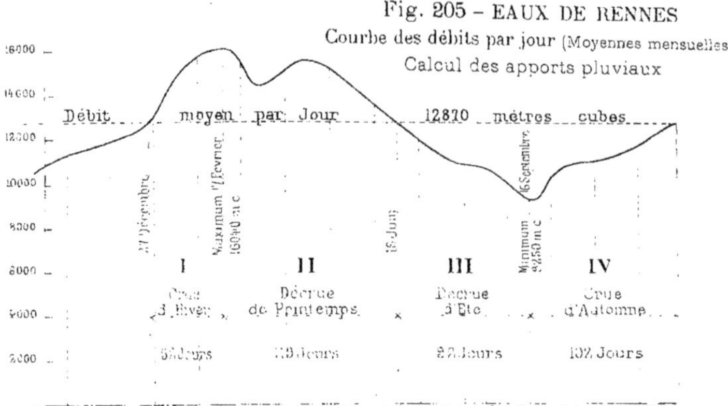

Fig. 206

Courbe des débits moyens par seconde des hautes sources de la Vanne

Moyenne mensuelle de 10 années

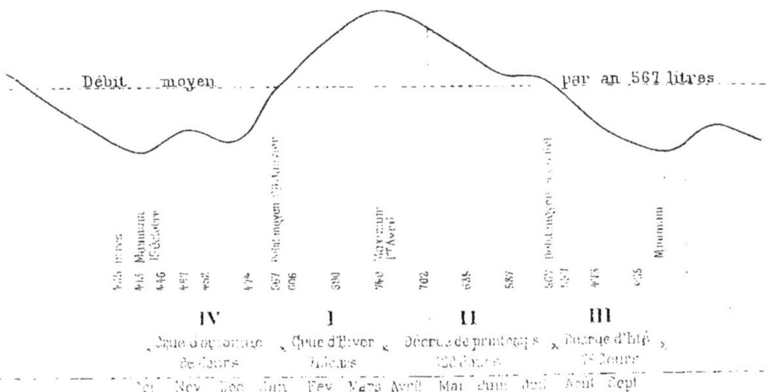

Fig. 207 – FONTAINE DE VAUCLUSE

Courbe des débits moyens par mois évalués en mètres cubes par seconde

(Moyenne de 10 années)

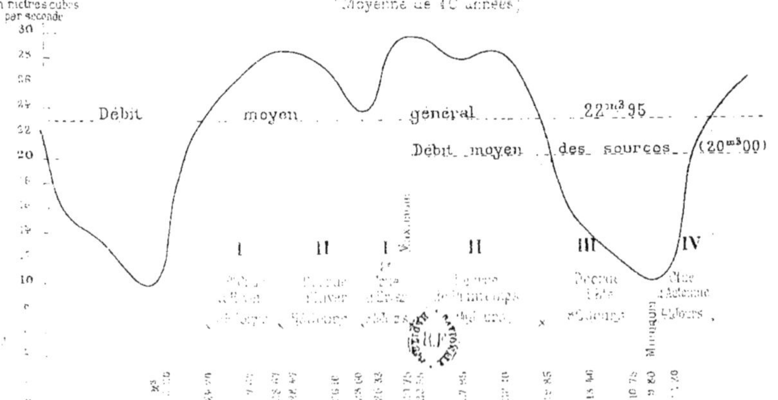

L. Courtier, Paris

Fig. 208

CAPTAGES DE RENNES

Recherche du Coefficient caractéristique

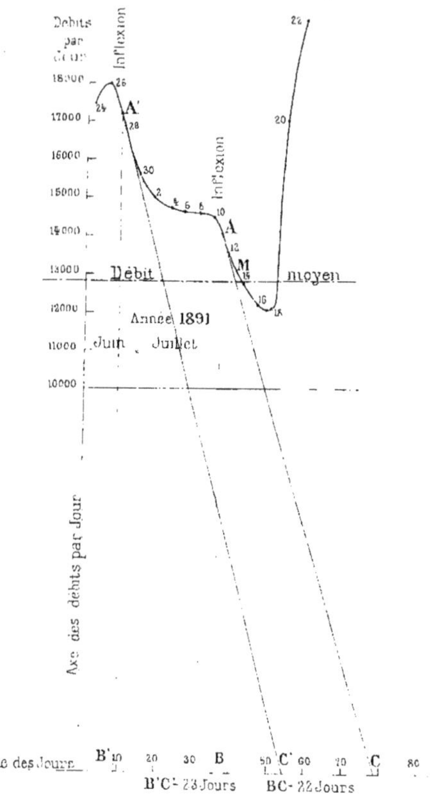

Fig. 209

HAUTES SOURCES DE LA VANNE

Détermination du coefficient caractéristique

(Année 1893)

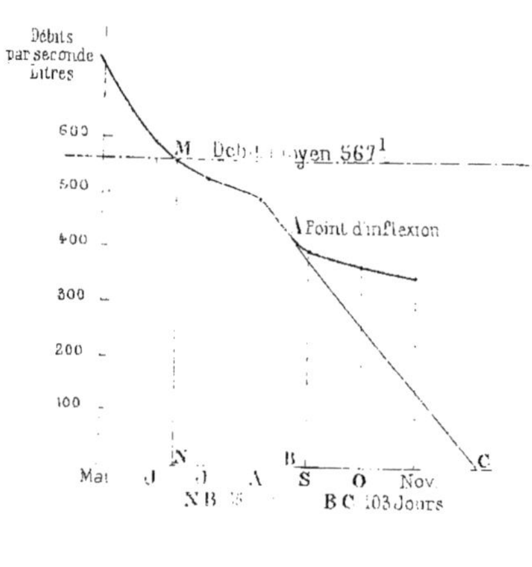

Fig. 210 - FONTAINE DE VAUCLUSE

Courbe enveloppe

pour calculer la surface du réservoir

aux diverses cotes

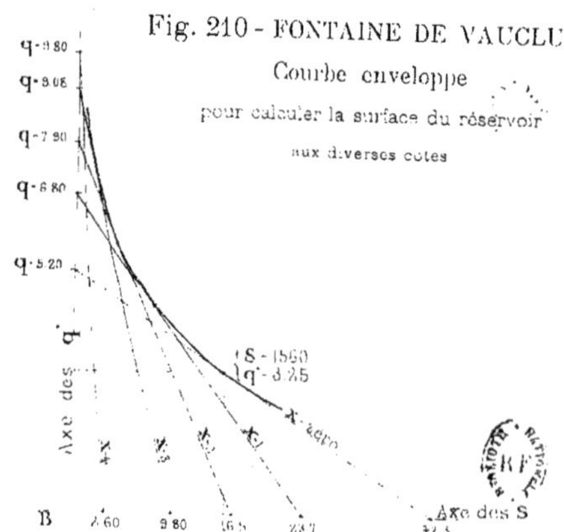

Fig. 210 bis

Nappe non regulière

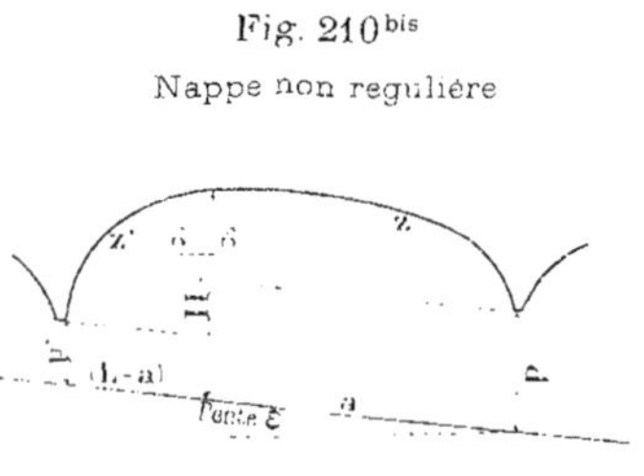

Fig. 211

FONTAINE DE VAUCLUSE - Décrue d'Été de 1898

Recherche de la Surface du Réservoir aux diverses hauteurs

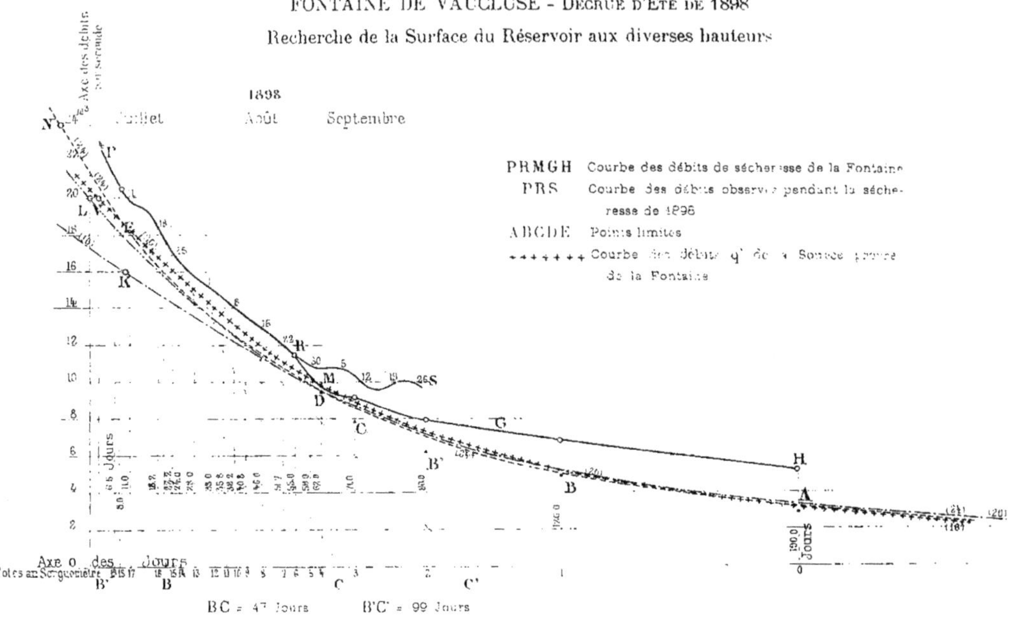

Fig. 212 - FONTAINE DE VAUCLUSE

Disposition probable du réservoir du fond de la cuvette

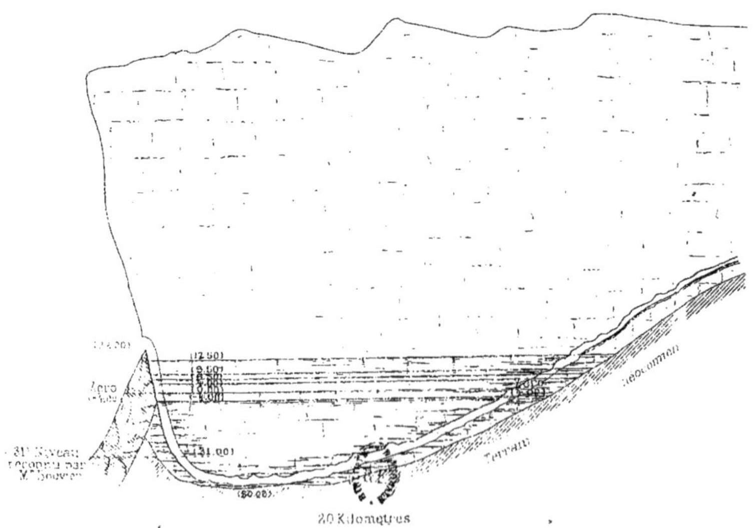

Fig. 213

CARTE DES SOURCES DU TAILLAN, DE CAP DE BOS - NAPPE DES LANDES

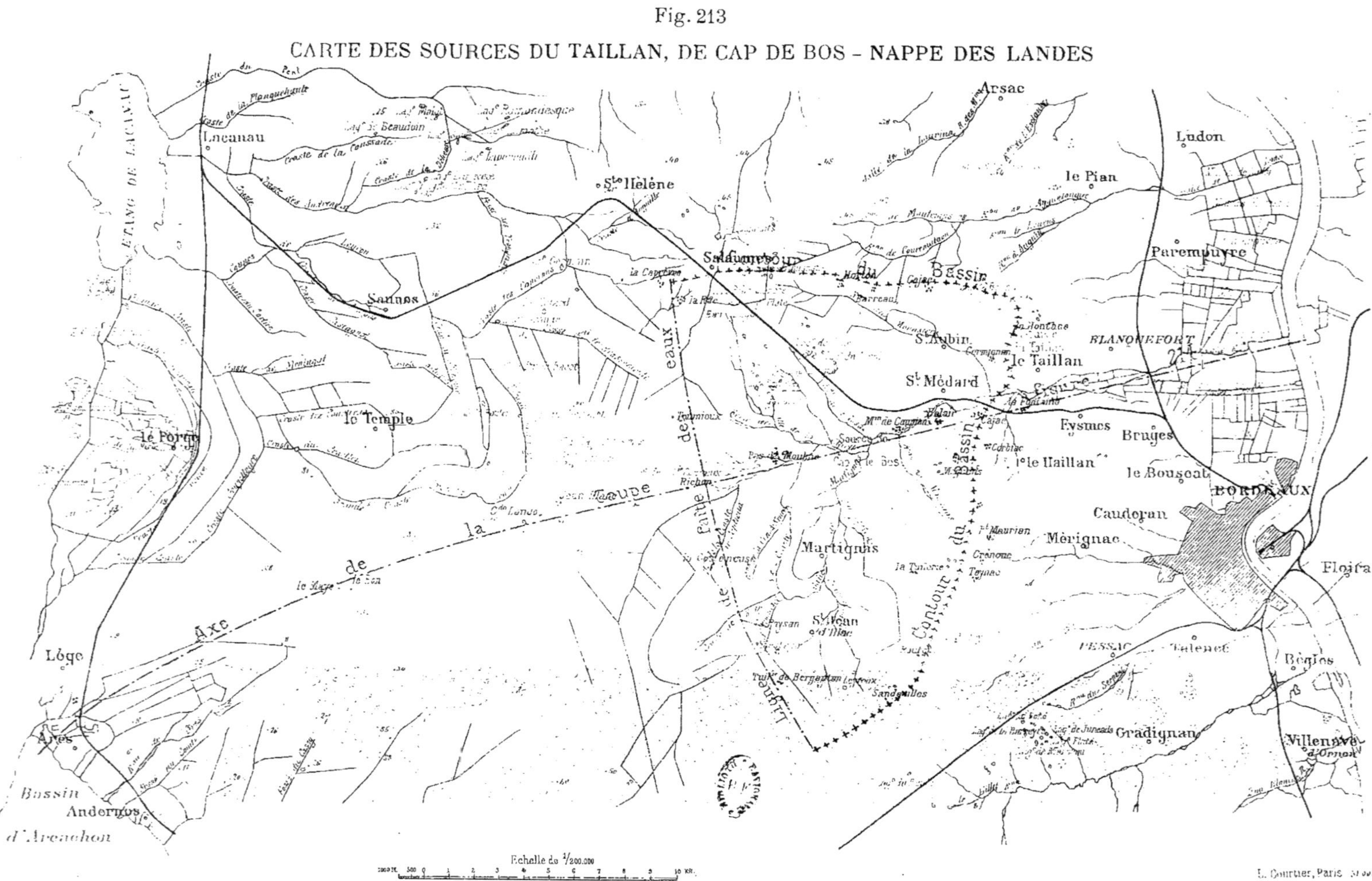

L. Courtier, Paris

Fig. 214

SOURCES DU TAILLAN ET DE CAP DE BOS, ET NAPPE DES LANDES

Coupe passant par Arès et par la Jalle de Blanquefort

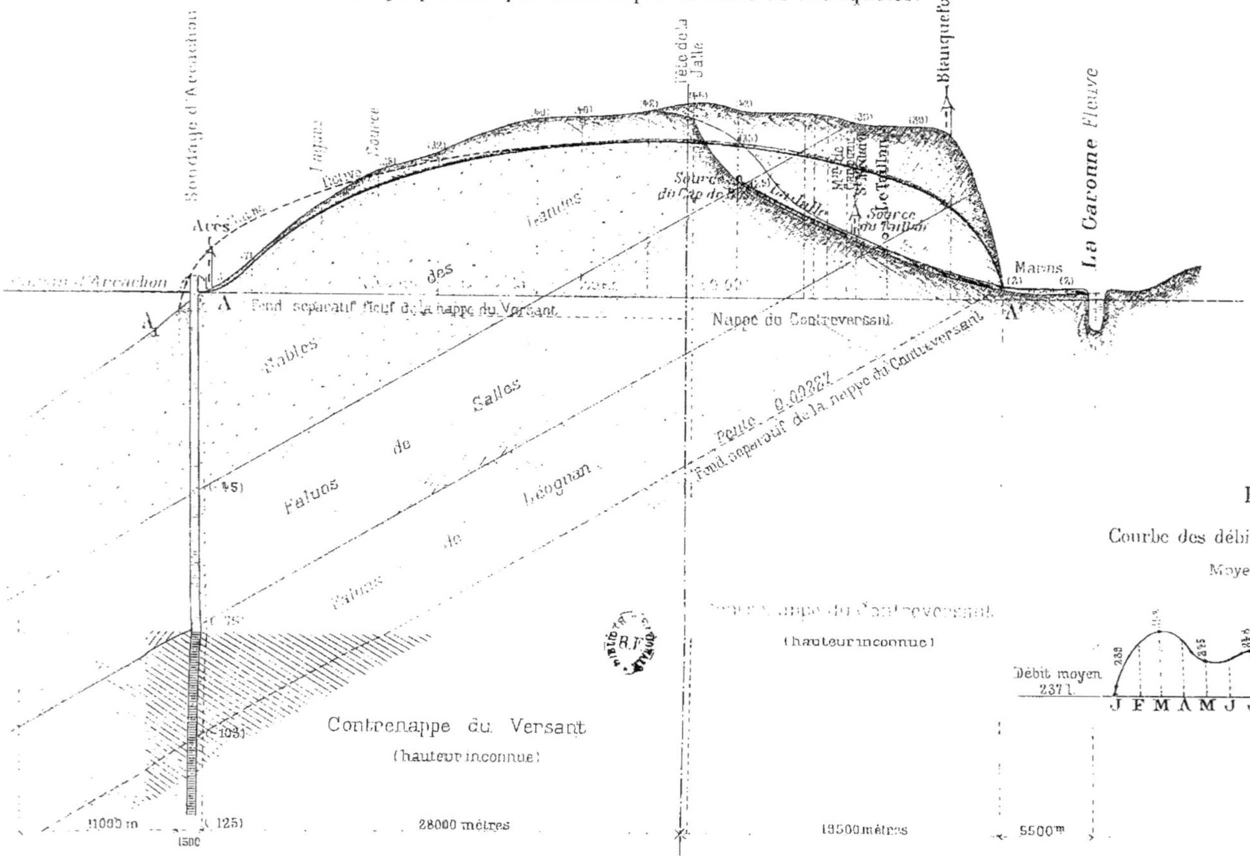

Fig. 214 bis

Courbe des débits des sources du Taillan

Moyenne de 7 années

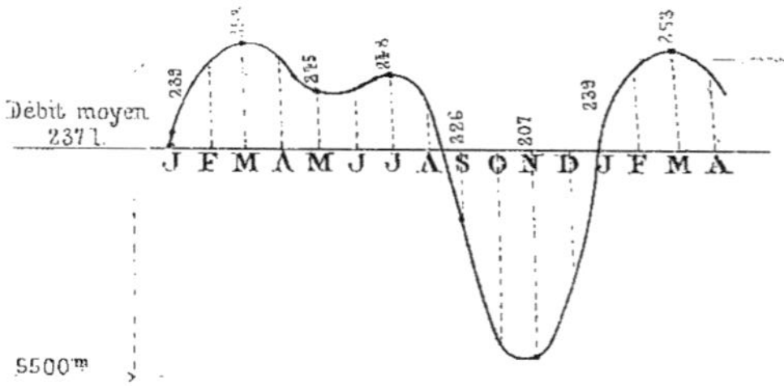

L. Courtier, Paris

Fig. 215

PLAN DU PLATEAU BAJOCIEN

ENTRE LES VALLÉES DE POINSON ET DE LA TRAIRE (Eaux de Montigny-le-Roi)

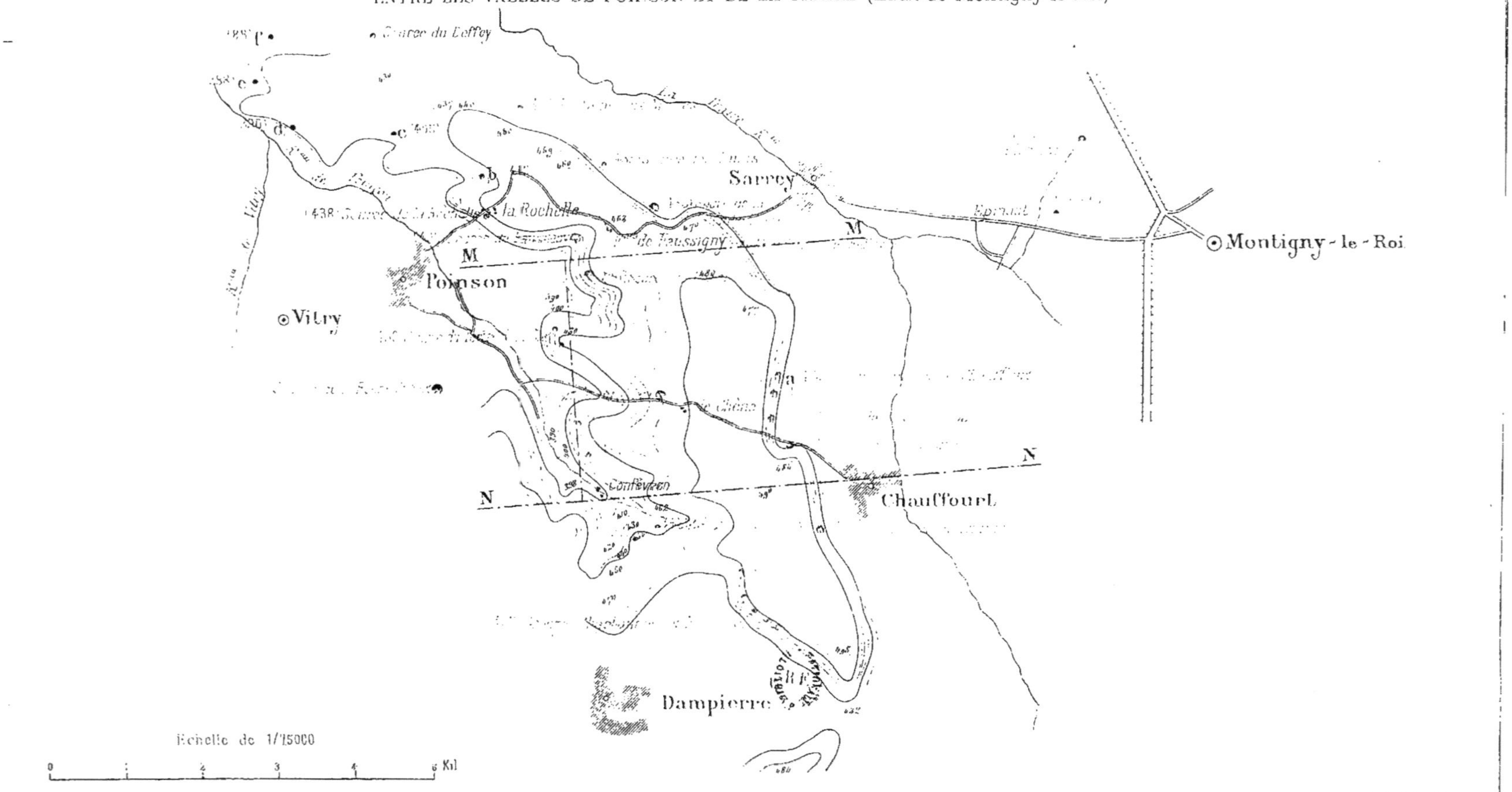

L. Courtier, Paris

ÉTUDES SUR LES SOURCES

Fig. 216

COUPE SUR LE PLATEAU BAJOCIEN

ENTRE LES VALLÉES DE POINSON ET DE LA TRAIRE

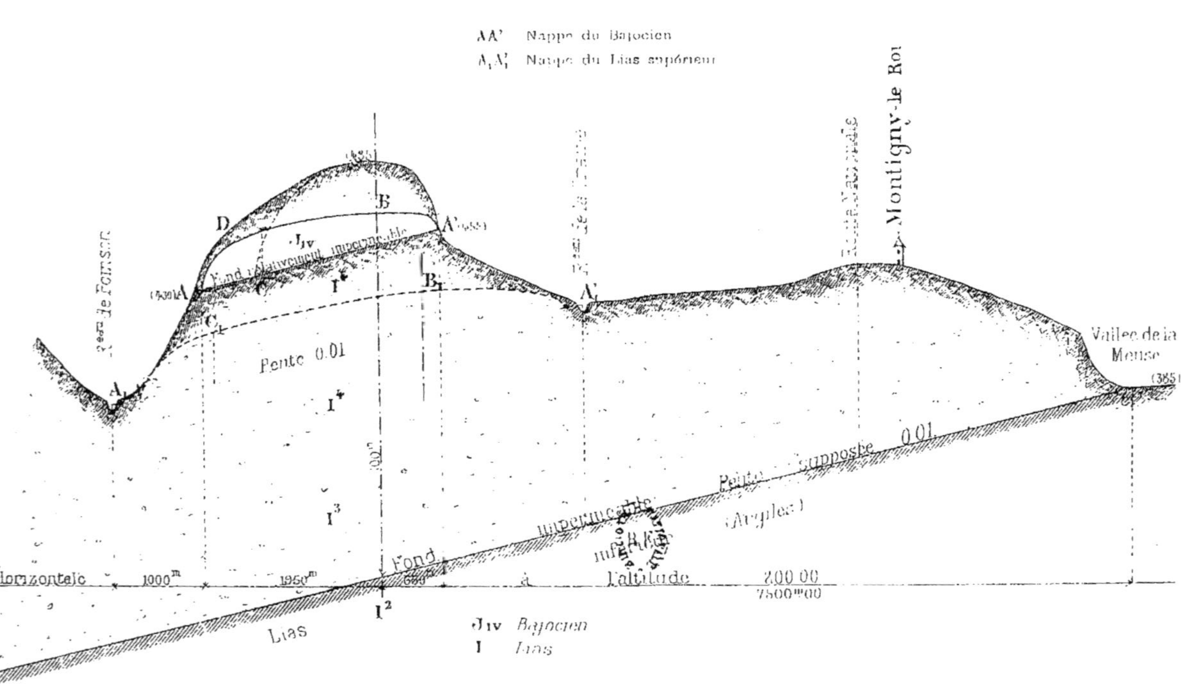

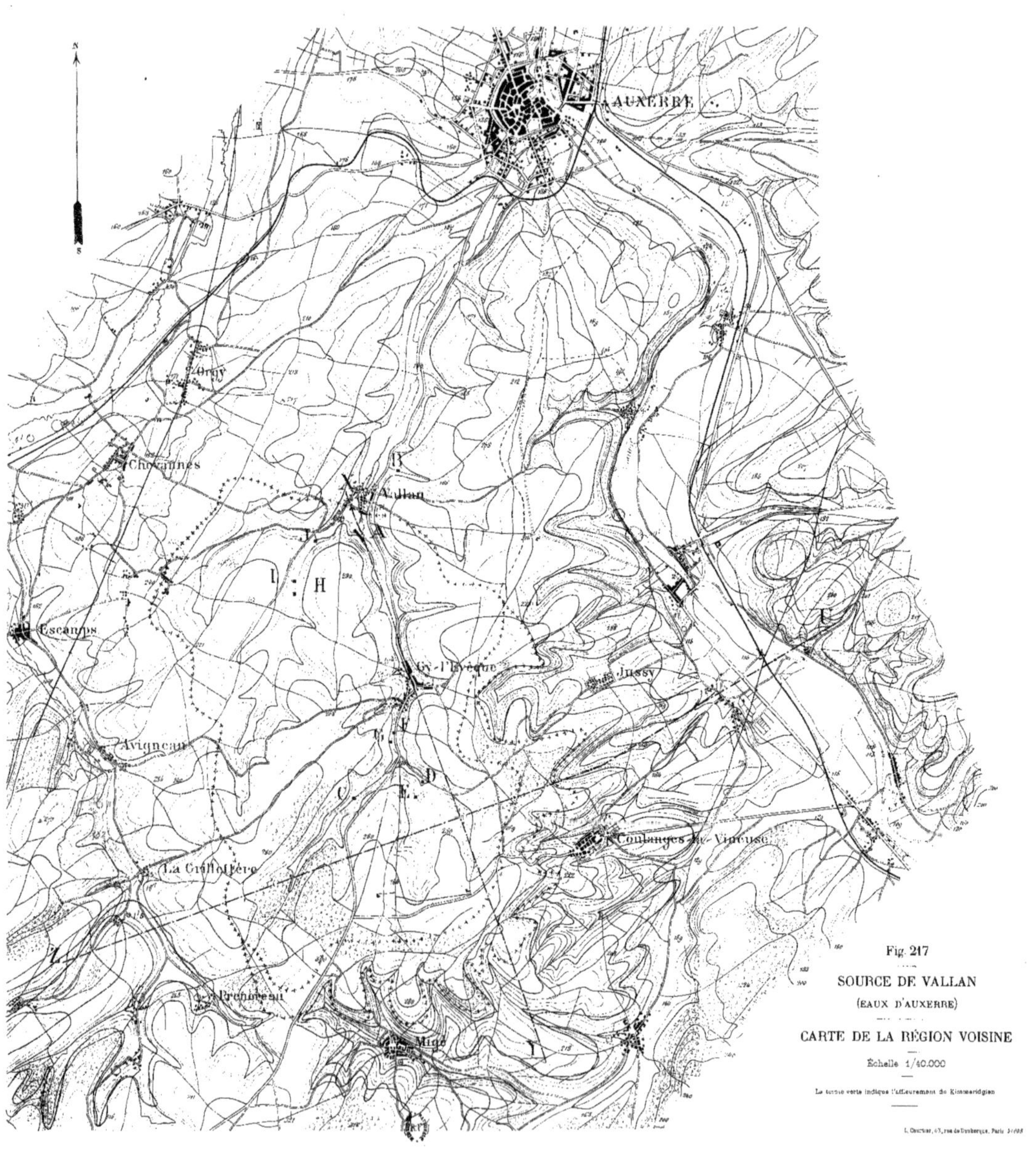

Fig. 217

SOURCE DE VALLAN

(EAUX D'AUXERRE)

CARTE DE LA RÉGION VOISINE

Échelle 1/40.000

La teinte verte indique l'affleurement du Kimmeridgien

L. Courtier, 43, rue de Dunkerque, Paris

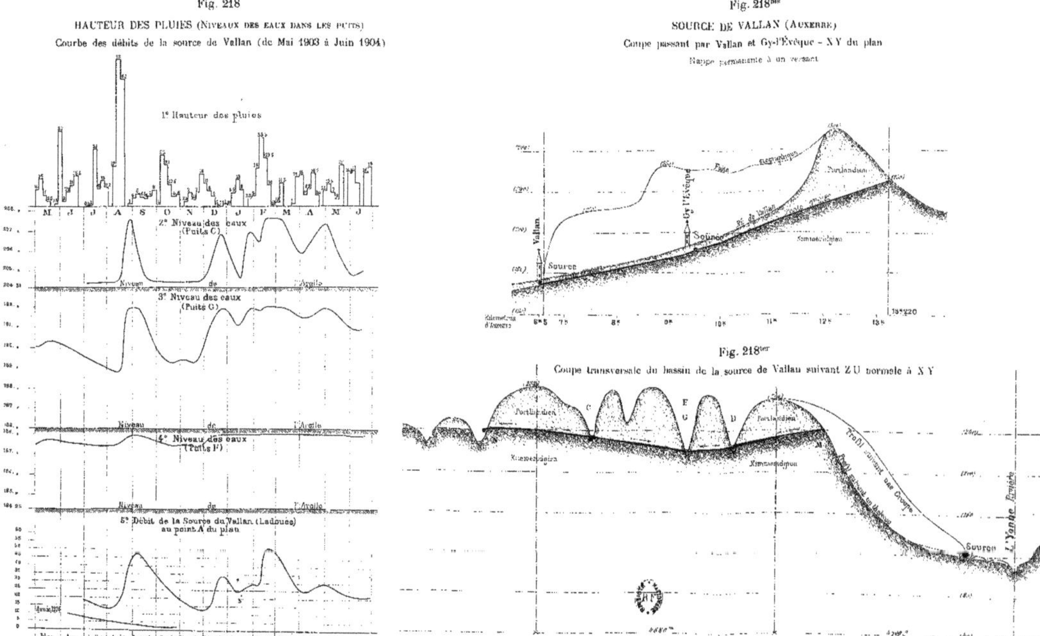
Fig. 218
HAUTEUR DES PLUIES (NIVEAUX DES EAUX DANS LES PUITS)
Courbe des débits de la source de Vallan (de Mai 1903 à Juin 1904)
1° Hauteur des pluies
2° Niveau des eaux (Puits C)
3° Niveau des eaux (Puits G)
4° Niveau des eaux (Puits F)
Niveau de l'Argile
5° Débit de la Source du Vallan (Ladoues) au point A du plan
Mai Juin Juillet Août Septembre Octobre Novembre Décembre Janvier 1904 Février Mars Avril Mai Juin
Fig. 218bis
SOURCE DE VALLAN (AUXERRE)
Coupe passant par Vallan et Gy-l'Évêque - XY du plan
Nappe permanente à un versant
Vallan
Source
Gy-l'Évêque
Source
Portlandien
Kimméridgien
Fig. 218ter
Coupe transversale du bassin de la source de Vallan suivant ZU normale à XY
Portlandien
Kimméridgien
Source
L'Yonne Rivière

ÉTUDES SUR LES SOURCES

Fig. 219

CRUES ET DECRUES DES SOURCES

PREMIÈRE APPROXIMATION

Graphique du Rapport des débits F (Equation 416)

$$F = \left(\frac{1+\frac{H}{h}x}{1+x}\right)^2 \left(1+\left(\frac{H}{h}-1\right)x\right)$$

$$x = (1+K)\,\alpha t$$

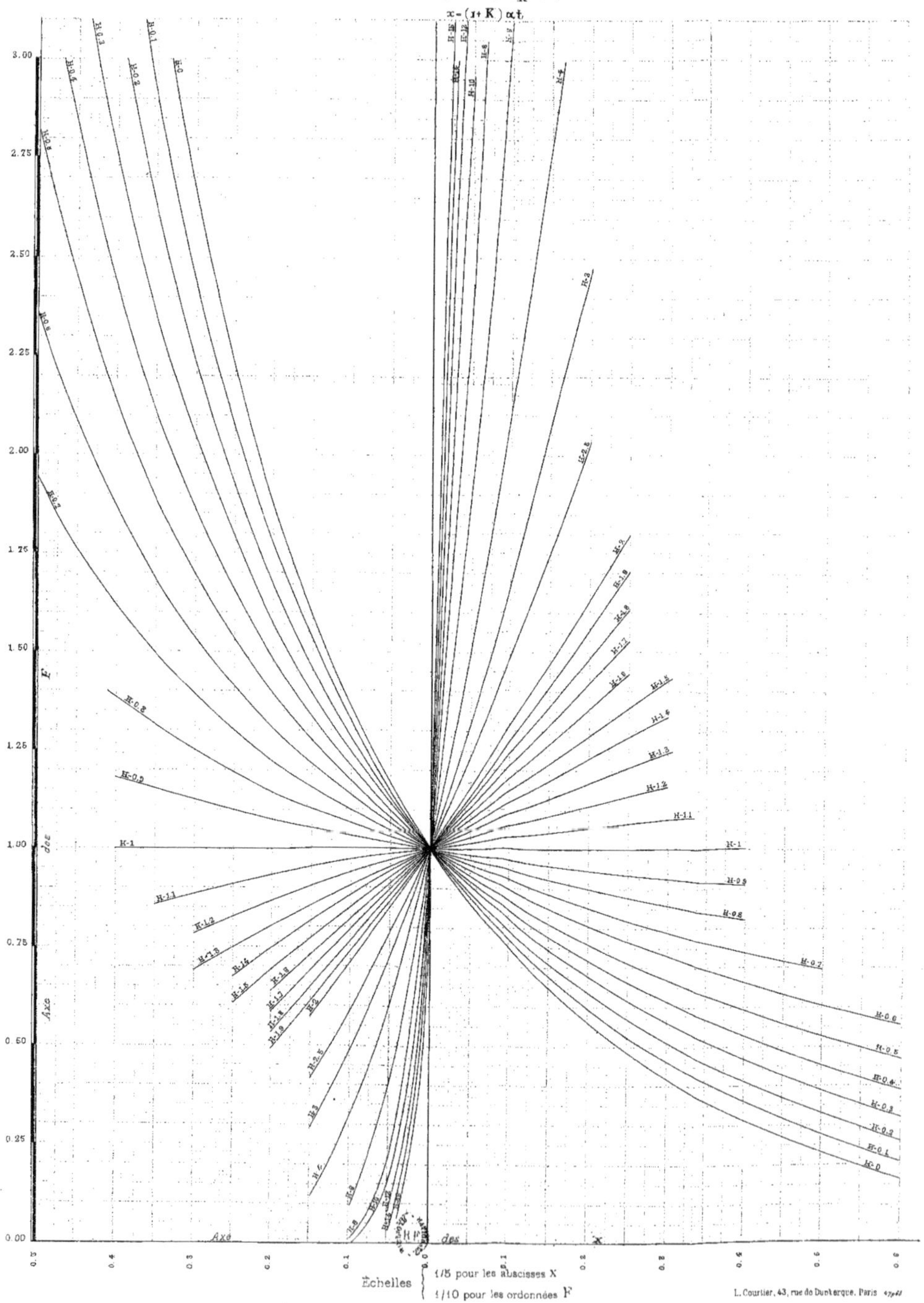

Échelles { 1/5 pour les abscisses X
1/10 pour les ordonnées F

L. Courtier, 43, rue de Dunkerque, Paris

ÉTUDES SUR LES SOURCES

Fig. 220

CRUES ET DÉCRUES DES SOURCES

Graphique du Rapport des ordonnées au faîte C. (Équation 168)

Formule exacte : $C = \sqrt{H} f\left(\frac{e^{2x\sqrt{H_\eta}}}{e^{2x\sqrt{H_\eta}}}\right)$; $x = (1+K)\,\alpha\, t$; H mis pour $\frac{H}{h}$

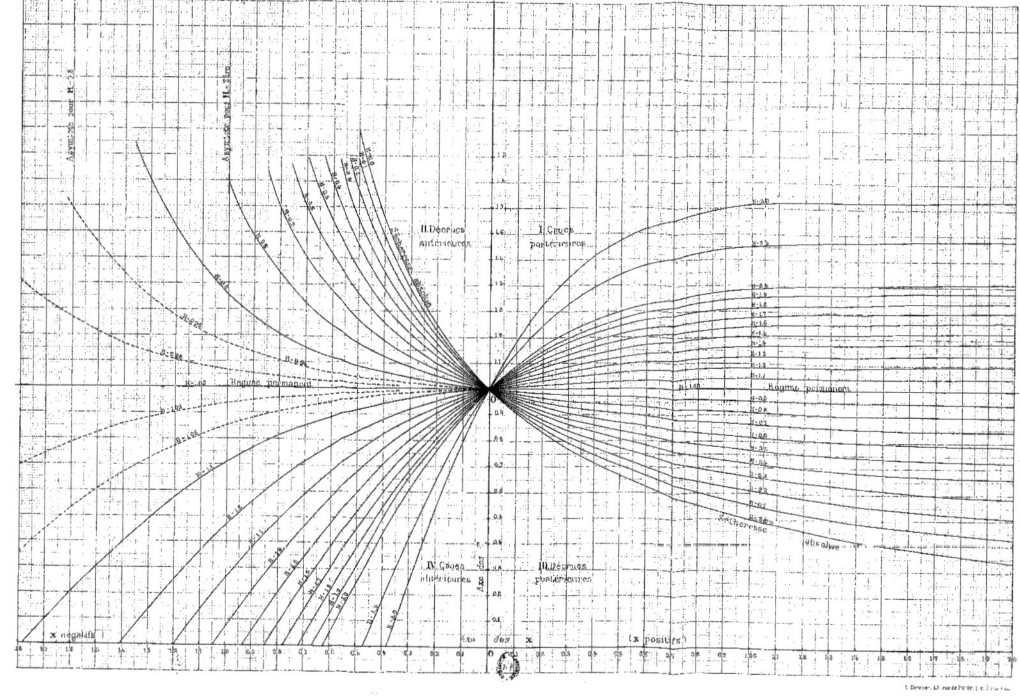

ÉTUDES SUR LES SOURCES

Pl. LXXXI

Fig. 221

CRUES ET DÉCRUES DES SOURCES

Graphique du Rapport des débits F. (Equation 169) (X positif)

Formule empirique $F = C^x\left(1 + \frac{(H-1)X}{e^{BX}}\right)$

$x = (1+k)\alpha t$; H mis pour $\left(\frac{H}{h}\right)$

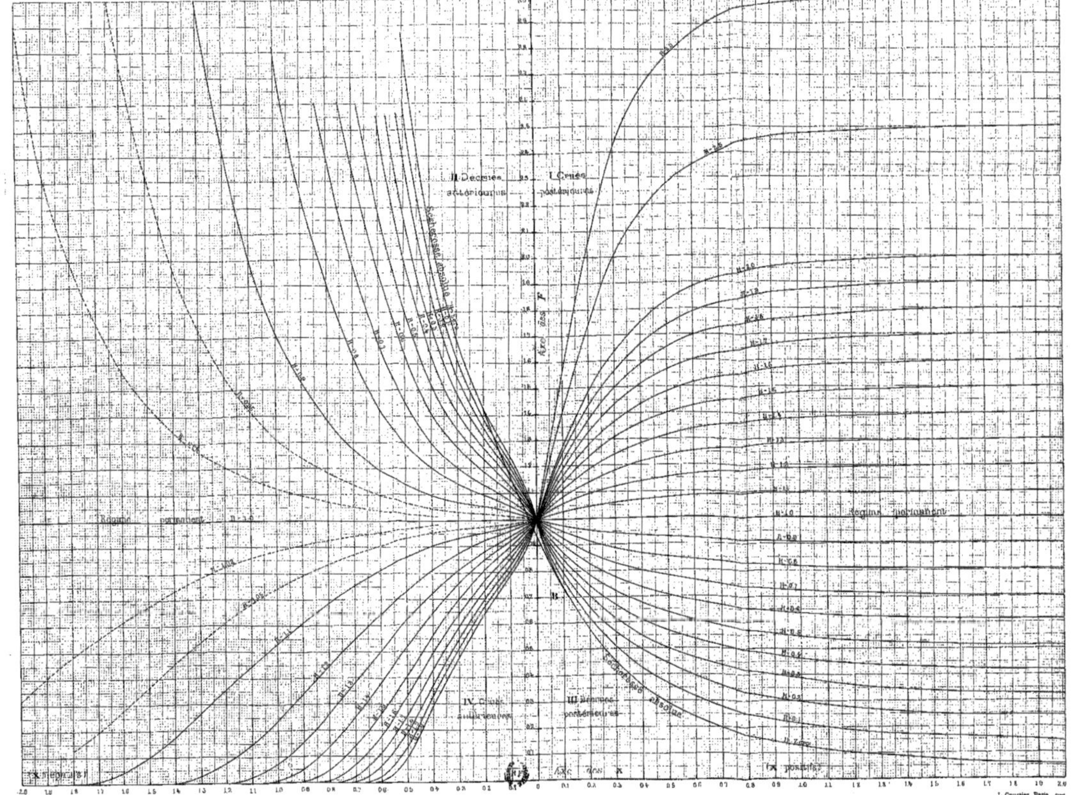

www.ingramcontent.com/pod-product-compliance
Ingram Content Group UK Ltd.
Pitfield, Milton Keynes, MK11 3LW, UK
UKHW020603180726
13838UKWH00001B/392